# 水库滑坡-抗滑桩体系多场演化试验与监测技术

胡新丽　唐辉明　等　著

科学出版社

北京

# 内 容 简 介

抗滑桩植入水库滑坡形成的水库滑坡-抗滑桩体系在水库运行条件下具有独特的演化规律，其长期稳定性关系到水库的安全运行。本书系统介绍水库滑坡-抗滑桩体系的原型试验、大型物理模型试验与监测技术和数值模拟技术，对水库滑坡-抗滑桩体系多场演化特征与演化规律进行系统论述。全书共8章，第1章对水库滑坡-抗滑桩体系演化研究现状进行综述；第2、3章介绍水库滑坡及水库滑坡-抗滑桩体系的基本特征；第4、5章介绍水库滑坡-抗滑桩体系原型试验和大型物理模型试验的多场监测系统构建方法；第6、7章基于原型试验与物理模型试验探讨水库滑坡-抗滑桩体系多场演化特征与协同变形破坏模式；第8章采用数值模拟技术揭示水库滑坡-抗滑桩体系多场响应特征与演化机理。

本书内容丰富全面，可作为地质工程、岩土工程、水电工程、环境工程等相关工程研究技术人员的重要参考书籍。

**图书在版编目（CIP）数据**

水库滑坡-抗滑桩体系多场演化试验与监测技术 / 胡新丽等著. —北京:科学出版社，2020.11

ISBN 978-7-03-065947-7

Ⅰ.① 水… Ⅱ.① 胡… Ⅲ. ① 水库-滑坡-抗滑桩-研究 Ⅳ. ① TV697.3

中国版本图书馆 CIP 数据核字（2020）第 161711 号

责任编辑：何 念/责任校对：高 嵘
责任印制：彭 超/封面设计：图阅盛世

**科 学 出 版 社** 出版

北京东黄城根北街 16 号
邮政编码：100717
http://www.sciencep.com

武汉精一佳印刷有限公司印刷
科学出版社发行 各地新华书店经销
*
开本：787×1092 1/16
2020 年 11 月第 一 版 印张：12 1/2
2020 年 11 月第一次印刷 字数：296 000
**定价：158.00 元**
（如有印装质量问题，我社负责调换）

# 作者简介

　　胡新丽，1968 年出生，籍贯河南许昌，中国地质大学（武汉）二级教授，博士生导师，中华人民共和国成立 70 周年纪念章获得者，自然资源部高层次创新型科技人才培养工程领军人才。现任中国地质学会工程地质专业委员会委员、中国力学学会岩土力学专业委员会委员、中国地质学会地质灾害研究分会委员、国际工程地质与环境协会中国国家小组成员。主要研究方向：岩（土）体稳定性、滑坡-防治结构相互作用机理、优化设计与长期安全性。先后主持国家重点基础研究发展计划（973 计划）项目课题、国家重点研发计划项目课题、国家自然科学基金重点项目各 1 项；主持完成国家自然科学基金项目 3 项和湖北省自然科学基金重点类项目 1 项，主持完成湖北省地质灾害防治工程重点项目 7 项；主持其他科研项目 32 项；主编《抗滑桩治理工程设计规范》，参编规范两部。获国家科技进步奖二等奖 3 项，获省部级一等奖 7 项，获中国地质调查成果奖一等奖 1 项，获中国地质学会 2013 年度十大地质科技进展。出版专著 2 部，参与编写专著 9 部；先后发表论文 120 余篇，其中 90 余篇进入 SCI、EI 检索。

# 序

伴随着大江大河的治理和开发，一大批水利水电工程陆续建设，在除害兴利中发挥了重要作用。三峡水电站是世界上规模最大的水电站，也是中国有史以来建设的最大型工程项目。三峡工程对航运、发电和防洪等发挥了巨大作用。三峡库区内水位波动幅度大、周期长，再加上其地形地质条件复杂、降雨频繁，从而成为滑坡地质灾害防治的重点区域。抗滑桩是水库滑坡防治最常见也是最主要的措施。在水位波动条件下，抗滑桩受力特征、桩土相互作用机理及水库滑坡-抗滑桩体系变形演化机理、多场响应特征十分复杂。对这些问题开展系统的研究，形成系统、全面的认识，对保障滑坡灾害治理的效果及长期安全性十分关键。

长期以来，中国地质大学（武汉）的胡新丽教授、唐辉明教授等依托大型流域水电工程，系统开展了水库滑坡-抗滑桩体系相互作用机理与工程应用的研究，取得了具有重要理论和应用价值的研究成果。他们共同撰写的《水库滑坡-抗滑桩体系多场演化试验与监测技术》一书即将由科学出版社出版。该书依托三峡库区重大滑坡治理工程生产、科研实践，以水库滑坡-抗滑桩体系为研究对象，总结水库滑坡及水库滑坡-抗滑桩体系特征；介绍水库滑坡-抗滑桩体系原型试验、多场监测技术及物理模型试验技术；研究水库滑坡-抗滑桩体系多场特征，提出水库滑坡滑动面及其运动模式的确定方法；研究水库滑坡-抗滑桩体系演化规律，提出水库滑坡-抗滑桩体系物理模型破坏过程、演化阶段及破坏模式，揭示水库滑坡-抗滑桩体系多场响应特征与演化机理。

该书内容丰富，滑坡演化机理研究与工程防治措施有机结合，现场监测、模型试验及数值模拟等有机结合，能为滑坡防治理论研究和工程实践提供重要的参考。

欣然作序，向广大读者推荐。

王思敬

中国工程院院士

2019 年 12 月 30 日

# 前　言

我国西部山区山脉连绵起伏，江河峡谷遍布，地质构造、地形地貌、地层岩性等工程地质条件复杂。受内外地质营力作用，三峡库区滑坡、泥石流及水库诱发地震等地质灾害频发，其中，水库滑坡最为严重，给库区沿岸居民正常生活生产带来一定影响。三峡库区水库滑坡因其规模大、演化机理复杂及危害严重等特点在全球范围内都具有典型性和代表性。

抗滑桩作为水库滑坡防治的主要措施，在降低灾害损失方面发挥了巨大的作用。如何针对具体水库滑坡进行抗滑桩优化设计，并通过现场监测等相关技术研究水库滑坡-抗滑桩长期稳定性，是保证滑坡防治工程经济有效、库区水电事业健康发展的重要前提。因此，研究复杂地质背景及水库运行条件下水库滑坡-抗滑桩体系演化机理，并建立全面、系统的现场监测技术，对滑坡防治具有重要的理论和应用意义。

本书系统总结水库滑坡基本特征和稳定性主要控制因素，阐述不同类型水库滑坡-抗滑桩体系演化的宏观地质特征；系统介绍水库滑坡-抗滑桩体系演化研究的原型试验与多场监测技术、大型物理模型试验技术；基于原型试验多场监测信息、物理模型试验成果和数值模拟技术系统分析与总结水库滑坡-抗滑桩体系多场演化特征；提出水库滑坡-抗滑桩体系演化阶段划分方法，揭示水库滑坡-抗滑桩体系多场响应特征与水库滑坡-抗滑桩体系相互作用机制。

本书由国家自然科学基金重点项目（41630643）资助，依托三峡库区地质灾害大型野外试验场，立足基础，强调运用，重视创新，集中体现现代工程地质、岩土力学和信息科学有机融合，具有新理论、新技术和新方法集于一体的重要特色。

本书共分 8 章，第 1 章由唐辉明、胡新丽、张玉明、何春灿、吴爽爽执笔；第 2 章由唐辉明、胡新丽、谭福林、王强、王旋执笔；第 3 章由胡新丽、唐辉明、谭福林、付茹、应春业执笔；第 4 章由胡新丽、张玉明、郑文博、徐楚、李岚星执笔；第 5 章由胡新丽、何春灿、雍睿、刘东子、王旋执笔；第 6 章由胡新丽、张玉明、李岚星、王旋执笔；第 7 章由胡新丽、雍睿、马俊伟、何春灿、刘东子、周昌执笔；第 8 章由唐辉明、胡新丽、张玉明、徐楚、刘畅执笔；最后由胡新丽、唐辉明通读统稿。

尊敬的工程地质界前辈、中国工程院院士王思敬先生，能为本书提笔作序，著者表示衷心感谢。本书引用了国内外同仁部分研究成果，著者也表示衷心感谢。著者希望本书能对我国水库滑坡防治工程设计、施工技术人员及科研教学人员有所帮助。鉴于水平和经验有限，书中难免有疏漏之处，敬请专家和读者批评指正。

著　者

2019 年 12 月

# 目 录

第 1 章

# 绪 论

# 1.1 水库滑坡及其防治

滑坡是自然界分布十分广泛的一种地质灾害，其危害之大仅次于地震。滑坡的形成原因主要有自然因素和人为因素两大类，其中水库水位波动是人为因素导致滑坡的最常见诱发因素之一，给大坝的安全运行和库区人民的生命财产安全造成了极大的危害。例如，1963 年发生在意大利的瓦伊昂滑坡，滑坡发生后产生的涌浪将上、下游沿岸的村庄、桥梁悉数摧毁，共造成 2 600 多人丧生。为了避免类似惨剧再次发生，国内外学者逐渐开始重视水库滑坡稳定性等方面的问题。

抗滑桩是国内外治理水库滑坡的主要手段之一，其作用机制是桩身上段承受滑坡推力荷载，并将荷载传递到嵌入在稳固地层的桩身下段，借助于桩身下段的侧向抗力来达到稳定滑坡的目的。抗滑桩具有适用性强、工程施工安全简便等优点。三峡工程是目前世界上最大的水利枢纽工程，库区范围狭长，干、支流库岸线总长约 5 300 km。为确保三峡大坝的安全运行及库区内人民的生命财产安全，国家已系统开展大规模库区范围内的滑坡地质灾害治理，其中抗滑桩为滑坡治理的主要手段。由于库水位周期性波动，部分已经治理的滑坡不良地质体将处于库水位以下或处于水位波动带范围内。然而，在水库运行条件下，这些治理后的滑坡及其防治结构的稳定状态和变形情况如何，目前尚未有确切的理论或现实依据可供参考。

在水库运行条件下，库水位周期性波动使得滑坡渗流场发生周期性变化，进而引起应力场、位移场和渗流场等多场动态响应，改变滑坡应力状态，影响滑坡稳定性及其变形演化进程。对于已经植入抗滑桩的滑坡，库水位周期性波动还会影响抗滑桩等防治结构的抗滑效果，甚至降低抗滑桩使用寿命。水库滑坡-防治结构体系是否具有足够的长期稳定性，是关系到库区社会、经济可持续发展至关重要的问题。水库滑坡地质灾害的有效防控及科学评价是保障大型水利工程建设顺利实施与安全运行的迫切需求。因此，在研究水库滑坡自身变形破坏模式与演化过程的基础上，进一步研究植入抗滑桩结构以后的水库滑坡-抗滑桩体系的多场特征与演化机理具有重要意义。

水库滑坡植入防治结构后形成的水库滑坡-抗滑桩体系在水库运行条件下具有独特的演化规律，其具有渗流场周期变化主导的多场演化特征。然而，目前以位移场为单一指标分析水库滑坡-抗滑桩体系的变形与演化过程难以精准描述其演化特征，采用多种监测手段从不同角度开展水库滑坡-抗滑桩体系渗流场、应力场与温度场等多场的演化分析是今后的研究趋势。水库滑坡-抗滑桩体系演化常常表现出多场信息特征，开展水库滑坡-抗滑桩体系多场演化特征试验与现场监测研究有助于更加全面与系统地揭示体系的变形演化过程，从而为水库滑坡-抗滑桩体系的长期稳定性评价提供依据。

## 1.2　水库滑坡-抗滑桩体系演化研究现状

### 1.2.1　水库滑坡变形演化机理研究

水库滑坡是受外部环境因素影响明显的一种典型滑坡地质灾害，其变形演化过程是一个受内在控制因素（如地形地貌、地质构造条件和岩土体流变性质等）与外部环境因素（如水库蓄水、库水位波动、降雨和地震等）共同作用的复杂地质过程（Tang et al.，2009；唐辉明，2008；Tsai，2008；Genevois and Ghirotti，2005；Kilburn and Petley，2003；Vita et al.，1998；Alexander，1992；Keefer，1984）。目前国内外关于水库滑坡演化机理方面已有大量的研究成果，这些成果主要可以分为水库滑坡诱发因素研究、水库滑坡变形演化规律及水库滑坡变形破坏机理三个方面。

#### 1. 水库滑坡诱发因素研究

对于水库滑坡，Fujita（1977）、中村浩之和王恭先（1990）认为浸水、库水位急剧下降和降雨是诱发水库滑坡的主要因素；王思敬等（1996）研究认为水库诱发滑坡的主要机制为滑面的弱化效应及其有效应力降低；王士天等（1997）将库区的水岩作用划分为 13 种类型，其中软化作用、动水压力作用和孔隙水压力作用都会诱发水库滑坡；蔡耀军等（2002）将水库滑坡的诱发因素归纳为材料力学效应、水力学效应和水力机械作用三个方面；殷跃平和彭轩明（2007）对三峡库区近些年来发生的规模较大的千将坪滑坡进行了深入研究，结果表明蓄水和降雨的联合作用直接导致了滑坡的失稳破坏；Hu 等（2015）基于三峡库区朱家店滑坡多年的位移监测数据，研究得出朱家店滑坡受库水位作用影响而呈现出渐进式后退的变形模式；Tang 等（2015a）基于监测数据，指出三峡库区黄土坡滑坡的变形主要是对库水位波动和降雨因素的响应；Zhang 等（2018）基于三峡库区马家沟滑坡的野外调查和现场监测数据，指出滑坡是由水库蓄水引发的，其变形演化过程受库水位波动与降雨联合作用影响。

#### 2. 水库滑坡变形演化规律

近些年来，滑坡演化阶段划分成为滑坡演化规律研究的一个重要内容。贺可强等（2002）利用新滩滑坡位移监测数据，探讨了表层位移矢量角与滑坡稳定性演化之间的关系，有效验证了分段递进式松脱滑移和整体推移式滑移两个演化阶段；樊晓一（2011）以新滩滑坡、丹巴滑坡和黄蜡石滑坡为例，揭示了滑坡位移演化规律与多重分维数演化特征的关系；王朋伟（2012）基于对白家包滑坡位移监测数据的数据挖掘，获取了在库水波动作用下滑坡变形的演化规律，并认为滑坡在相同条件下具有记忆效应和较强的自我调整能力；许强等（2008）将滑坡位移-时间曲线分为振荡型和阶跃型，认为为了准确地预测及预警滑坡，需要同时获取滑坡变形演化与外界影响因素的相关性及滑坡宏观变形特征；Macfarlane（2009）对某库区滑坡多年的地表位移进行监测分析，认为该滑坡稳定性的主要影响因素为长期降雨，水位变化并未对其产生影响；雍睿等（2013）利用材料测试系统（material testing system，MTS）——电液伺服加载控制系统模拟了推移式滑坡模型试验的演化过程，研究表明滑坡的变形破坏呈现出明显的阶段性，并揭示了滑坡阶段性的稳定性递减规律；马俊伟等（2014）基于框架式滑坡物理模型试验系统，借助于重标极差分析（rescaled range analysis，R/S）方法研究了推移式滑坡在植入抗滑桩后的位移规律，基于此进行了体系变形阶段的划分；Wang 等（2016）基于三峡库区黄土坡地表位移和深部位移监测数据，分别分析了滑坡浅层和深层变形对于降雨与库水位因素不同的响应关系；Sun 等（2016a）通过对渗天河水库一古滑坡（雾江滑坡）的深部位移进行监测，分析了蠕滑变形特征，认为前缘涉水导致滑坡前缘变形大于后缘变形，并将莫根施特恩-普赖斯（Morgenstern-Price，MP）方法改进为三维方法计算了滑坡的稳定性；Palis 等（2017）通过对一个大型深层滑坡长达 33 年的位移监测，分析了降雨和地震对于滑坡演化过程的影响，揭示其变形演化规律。

### 3. 水库滑坡变形破坏机理

在水库滑坡变形破坏机理方面，学者最早从工程地质角度开展了相关研究。Schuster（1979）通过对美国和加拿大库岸滑坡进行大量研究，总结了水库滑坡常见的变形破坏模式，如岩质滑坡的沿层面滑动、碎屑流滑动、土质滑坡的沿滑动面下滑等共计九种模式；吴树仁等（2006）对三峡库区滑坡进行研究，提出了滑动面控制、滑体控制和两者组合控制三类变形破坏机理；黄波林和陈小婷（2007）对香溪河流域白家堡滑坡变形失稳机制进行分析，认为该滑坡的变形机制为前缘牵引后缘平推式，前期以牵引为主，后期以平推为主；范宣梅等（2008）研究了降雨在三峡库区红层软岩中诱发的平推式滑坡机理。

## 1.2.2　水库滑坡多场特征与多场耦合研究

施斌（2013）最早确定了工程地质领域中场的物理意义，水库滑坡由其特殊的水文地质条件和自然环境因素，渗流场一般起决定性主导作用，其他场呈现出对渗流场的动态响应特征。因此，研究水库滑坡渗流场的变化规律是研究多场信息的基础。

### 1. 水库滑坡多场特征研究

在水库滑坡多场研究方面，目前主要开展了外界因素如降雨和库水位的周期性波动等对滑坡渗流场的影响研究，以及应力场和位移场对渗流场的响应特征研究。黄润秋和戚国庆（2002）研究了饱和-非饱和渗流模型中的非线性方程组解法，基于数值模拟方法研究了降雨入渗过程中滑坡非饱和区基质吸力的变化规律；李晓等（2004）通过建立降雨分析模型、库水位调控模型及滑坡区水文地质模型，提出了一种精确的滑坡地下水位浸润线计算方法，并基于此计算了白衣庵滑坡不同工况条件下的坡内浸润线位置；郑颖人等（2004）根据布西内斯克非稳定渗流微分方程，借助于拉普拉斯的正、逆变换，得出在库水位下降时的坡内地下水位和条分法中渗透力的计算公式；Lourenco 等（2006）

基于物理模型试验分析了双层土质滑坡在降雨条件下的地下渗流场响应规律及滑坡变形破坏模式；吴长富等（2008）采用理论方法研究了降雨条件对滑坡稳定性和渗透性的影响，研究表明降雨的影响具有滞后性，对坡体稳定性的影响随渗流时间而发生动态变化；吴琼等（2009）基于理论分析方法计算了同时考虑库水位波动和降雨作用下的滑坡地下水位，然后采用 GeoStudio 软件中的 SEEP/W 渗流分析模块验证该方法的准确性，并基于该方法预测了赵树岭滑坡的地下水位演化情况；Jia 等（2009）通过大型物理模型试验中的水位、孔隙水压力监测，研究了库水位波动条件下粉砂质材料边坡渗流场的演化规律；Mukhlisin 和 Taha（2012）基于有限元方法分析评价了降雨对非饱和土质边坡的影响、饱和带的形成及弱降雨和暴雨工况下边坡稳定性的变化；Xu 等（2016）对四川盆地红层地区近水平岩层发育的垮梁子滑坡进行形成机制研究，并根据滑坡位移、地下水位与强降雨之间的响应关系预测了滑坡的变形；Igwe 等（2014）基于岩土体剪切试验和数值模拟研究，发现在降雨作用下土壤内孔压重分布并发生应变软化效应，从而导致滑坡发生。

水库滑坡位移场对渗流场具有明显的响应特征。罗先启等（2005）研发了一种考虑降雨和库水位作用的物理模型试验系统，并基于该系统研究了库区滑坡的渗流场和位移场变化规律；Qi 等（2006）通过对库区某滑坡长达十多年的地表位移监测，研究了滑坡位移场对库水位波动的动态响应规律；张振华等（2006）采用模糊模式识别方法对三峡库区泄滩滑坡地下水位及位移场变化对水库水位变化的敏感程度进行数值分区，得到了该滑坡体不同部位位移特征和位移对地下水位变化的影响规律；Picarelli（2007）指出降雨或蓄水引起的渗流场变化严格控制着浅层滑坡的位移场变化；贺可强等（2008）基于三峡库区八字门滑坡的变形监测数据，采用加卸载响应比分析理论研究了地下水位对滑坡的加卸载作用，并进行了该滑坡的位移预测；易朋莹（2013）通过滑坡地表位移、地表裂缝、深部位移、地表水位、降雨量及宏观巡查等方面的监测数据，揭示了外界因素对滑坡变形的影响规律；Song 等（2012）基于野外现场试验监测和有限元分析，研究了暴雨渗流作用下抗滑桩应力场、应变场随时间的变化规律，以及边坡位移场的变化规律；Ma 等（2016）基于关联规则数据分析方法，研究了滑坡现场位移监测数据与库水位和降雨的关系，并确定了影响滑坡变形的阈值判据。

此外，部分学者进行了防治结构对滑坡渗流场的影响研究。李新强等（2004）研究了抗滑桩治理后对滑坡体的渗透性影响，同时给出了简化条件下抗滑桩桩体部位的渗透系数计算方法，得出抗滑桩对滑坡体有阻渗作用的结论；卢应发等（2007）运用体积平均法、自洽法和 Hashin-Strikman 法研究抗滑桩治理后滑坡的加固效果，表明抗滑桩对滑体渗流具有阻渗作用；唐晓松等（2009）采用 PLAXIS 程序对水库滑坡-抗滑桩体系进行渗流场分析，结果表明目前现行的不考虑抗滑桩桩体渗透性的计算方法高估了抗滑桩的阻渗作用，从而使设计偏于保守；孙云志（2010）基于现场勘查，发现抗滑桩实施后滑坡渗流场改变，前缘地下水泄流量较施工前减少了约 81%；何晨辉（2012）采用有限元方法对各个降雨类型条件下抗滑桩附近的渗流场进行模拟分析，认为抗滑桩对滑坡体降雨入渗渗流场的影响可以不予考虑。

### 2. 滑坡多场耦合研究

在水库滑坡多场信息研究方面，多场耦合研究主要集中在借助于数值模拟方法进行渗流场和应力场耦合作用的研究。徐则民等（2001）论述了渗流场与应力场耦合分析的基本原理及其在滑坡稳定性评价中的应用；唐辉明等（2002）基于流固耦合三维数值模拟探讨了不同库水位条件下滑坡渗流场的变化规律及其对坡体应力场的影响；柴军瑞和李守义（2004）采用有限元软件建立了泄滩滑坡不同渗透特性的复杂地层结构，基于流固耦合分析方法获取了滑坡内地下水位和应力分布的变化情况；汪斌等（2007）在流固耦合理论基础上，以三峡库区黄土坡滑坡前缘临江崩滑堆积体为例，分别研究了考虑耦合作用和不考虑耦合作用下的滑坡稳定性变化情况；Hu 等（2012）利用数值模拟技术，在考虑流固耦合作用下研究了黄土坡滑坡前缘临江崩滑堆积体稳定性随库水位波动变化的关系，并通过现场监测数据得到验证；Paolo 等（2013）使用 GeoStudio 软件的流固耦合模块计算滑坡的安全系数，并获得其应力场、位移场，计算结果与实测资料较吻合；Jiao 等（2014）提出了考虑流固耦合作用的不连续变形分析（discontinuous deformation analysis，DDA）方法，基于此方法分别研究了千将坪滑坡和马家沟滑坡的变形破坏模式；周彬等（2012）基于 GeoStudio 软件自带的饱和-非饱和流固耦合分析模块，对设桩前后的库区某滑坡进行数值模拟，研究表明高水位时滑坡稳定性最差，其变化规律随库水位波动而变化；张岩等（2016）基于三维滑坡流固耦合模型研究了库水位变化对库岸滑坡稳定性及滑动模式的影响，结果表明水库蓄水后坡体滑动模式由推移式向牵引式转变；张旭等（2016）基于流固耦合分析揭示了水库滑坡浸润线滞后库水的时间效应，研究表明水在坡体中起到了顶托、楔裂、促动的作用；王力等（2014）借助于有限元程序对三峡库区某滑坡开展流固耦合分析，定量研究了库水位作用和降雨条件下的滑坡稳定性变化规律。

## 1.2.3 水库滑坡-抗滑桩体系多场演化特征与演化机理研究

### 1. 水库滑坡-抗滑桩体系多场演化特征研究

水库滑坡-抗滑桩体系是由多场（应力场、渗流场、温度场与位移场等）组成的综合体系，水库滑坡-抗滑桩体系的演化过程常常表现出多场信息特征，由于其复杂性，水库滑坡的防治与一般滑坡表现出一定差异（胡新丽 等，2007a；胡新丽 等，2005a，b）。现有水库滑坡-抗滑桩体系变形与演化研究大多仅依靠滑坡位移场信息，而对水库滑坡-抗滑桩体系多场演化特征分析重视不足。单一位移场分析难以精准描述水库滑坡-抗滑桩体系演化，从滑坡多场信息的角度对滑坡演化过程展开研究，比单一的位移信息研究更加系统和全面。近些年随着多场监测技术与设备的不断发展，滑坡多场信息特征分析相关研究也取得了一些进展。例如，Hu 等（2013）利用数值模拟技术，研究了五里堆滑坡在降雨条件下有无抗滑桩支护下多场信息的特征，为抗滑桩优化设计提供了一定的思路；Sun 等（2014）采用分布式光纤传感技术（distributed fiber optical sensing technology, DFOS）对水库滑坡应力场、位移场、温度场等多场信息展开了研究，并提出了相应的多场数据处理方法；Tang 等（2015b）通过在黄土坡滑坡内修建原位观测隧道，建立了世界上第一个三维多场滑坡监测系统，为后续相关研究奠定了基础；Hu 等（2017）在三峡库区马家沟滑坡建立自动化监测系统，用以收集滑坡多场演化数据，初步研究了水库滑坡-抗滑桩体系多场演化规律；Ma 等（2017）基于模型试验，通过收集滑坡变形演化过程中的多场信息，研究了滑坡时空多场演化特征。虽然水库滑坡与水库滑坡-抗滑桩体系多场监测和分析已逐渐引起工程地质领域从业人员的重视，但目前相关研究仍不够深入且多场监测技术的推广应用仍处于起步阶段。

### 2. 桩-土（岩）相互作用机理研究

土拱效应最早是由 Terzaghi（1943）通过著名的活动门试验验证的，他对土拱效应给出了明确的定义，即荷载传递由屈服土体向刚性边界转移的一种力学现象。随后这一应力转移现象又多次在试验中被证实（Chevalier et al.，2007；Koutsabeloulis and Griffiths，1989；Bosscher and Gray，1986），自此学者发现了深入研究桩-土（岩）相互作用机理方面的至关重要的一个切入点，即从桩-土（岩）间的土拱效应角度来揭示其相互作用机理。

首先学者用理论方法着手桩-土（岩）间土拱效应的研究，Wang 和 Liang（1979）通过弹塑性力学理论研究了土体抗剪强度对土拱效应的荷载承受能力及拱圈形态的影响；吴子树和张利民（1995）基于土工试验和理论分析手段，发现在黏性土压实度较高或含水量较低的情况下可以形成土拱效应；李邵军等（2010）基于土拱效应的理论分析，推导出了桩后土体应力的数学表达式；王成华等（2001）基于土拱效应原理推导了抗滑桩的最大桩间距。

近些年来，国内学者开展了较多关于桩-土（岩）间相互作用与土拱效应方面的模型试验研究。雷用等（2007，2006）基于模型试验手段研究了桩前滑体抗力与桩后滑体推力的分布形式，并揭示了应力特征随时间的变化规律；Tang 等（2014）基于框架模型试验研究了推移式滑坡-抗滑桩体系的相互作用过程，获取了土拱效应在不同深度上的空间分布形态；樊友全（2010）基于推桩模型试验获取了桩后滑体推力的作用形式，揭示了土拱作用机理及其随时间的演化规律；杨明等（2008，2007）基于离心机模型试验研究成果，认为土拱效应的稳定性与桩身宽度呈正相关性，然后采用了有限元方法加以验证，并揭示了土拱效应的力学传递机制；魏作安等（2009）基于物理模型试验获取了滑坡与抗滑桩体系之间的力学传递特征，结果表明桩体受力特征与桩长和滑带倾角等因素有关，并提出了桩身受力的计算公式。

因为土拱效应难以直接观测与识别，所以通过模型试验手段获取土拱效应需要较全面的监测设备和元件。数值模拟手段由于其操作方便、可视化效果好、误差小等优点，已被广泛应用于桩-土（岩）相互作用方面的研究。Liang 和 Yamin（2010）、Liang 和 Sanping

（2002）、郑学鑫（2007）、范付松（2012）、Kahyaoglu 等（2012）、吕庆等（2010）采用了有限元方法，对桩土间相互作用机理、土拱效应的发育机理及其影响因素做了相关研究；黄润秋和许强（1995）认为采用快速拉格朗日方法可以有效地模拟桩土间的相互作用问题；Martin 和 Chen（2005）、张建华等（2004）采用 FLAC 有限差分程序模拟了荷载由坡体传递到桩体的动态过程及力学响应问题，揭示了土拱效应的形成机理；林治平等（2012）基于 FLAC3D 有限差分程序研究了桩土作用的土拱效应，并将土拱效应分为两类单独拱和一类联合拱，其中单独拱包括端承拱和摩擦拱，联合拱为两者联合作用。随着颗粒流程序的迅速发展，学者发现采用颗粒流能够较好地表现土拱效应中土体颗粒"楔紧"的效果，近年来借助于颗粒流数值方法出现了较多关于桩土相互作用机理的研究成果。向先超等（2011）采用 PFC 软件研究了土拱效应的形成，并进一步研究了土拱效应在不同桩间距、桩身截面等因素条件下的发展规律；吴建川（2013）、徐聪（2015）采用 PFC 软件研究了理想模型中两根桩之间的土拱效应发育机理和荷载传递细观机制。

在抗滑结构与嵌固段岩体相互作用方面，主要考虑在不同嵌固段岩体条件下研究抗滑桩与岩体之间的相互作用力及桩体的应力、应变响应。董捷（2009）引入三角级数法并假设悬臂桩嵌固段为三维空间问题，提出了嵌固段桩身侧向地基反力理论计算模型；张骞等（2014）分析了边坡抗滑桩工程中软质岩体岩拱效应的形成演化，利用两铰拱原理对岩拱进行了内力计算；詹红志等（2014）基于多层地基横向受荷桩挠曲微分方程，得到了不同地基系数条件下水平受力的弹性抗滑桩桩身嵌固端的内力变形计算方法；Li 等（2016，2015）采用模型试验研究了抗滑桩在基岩地层上硬下软情况下的桩身应力、应变响应，研究表明硬岩比例较大时桩身弯矩较大、桩顶位移较小，且抗滑桩的效果主要取决于硬岩的比例、相对位置及其性质。

### 3. 水库滑坡-抗滑桩体系协同变形特征

关于滑坡自身变形演化特征的研究成果较多，对于已经植入防治结构的水库滑坡-抗滑桩体系的相关研究成果较少。随着数值模拟方法的发展和滑坡治理工程的逐渐增多，近些年来学者也基于数值模拟方法开始对水库滑坡-抗滑桩体系开展稳定性评价、体系变形规律、抗滑桩内力弯矩等方面的相关研究，并取得了很多有意义的研究成果。

Vermeer 等（2001）基于有限元模拟和现场监测，获取了桩后土体的应力、应变分布规律；张友良等（2002）基于极限平衡法与有限元耦合的方法，模拟了滑坡与抗滑桩之间的相互作用过程；王勇智（2005）利用有限元方法，研究了在不同桩体尺寸和土体物理力学性质条件下的被动桩与桩侧土体体系的变形特征；Lirer（2012）在意大利南部一个正在发生变形的边坡上，进行了一排 5 根抗滑桩的现场试验，并对地下水位、降雨强度与抗滑桩位移和应变进行了连续 3 年的监测，获取了抗滑桩变形受力特征，分析认为边坡位移场受到了排桩的影响，并利用 FLAC3D 数值模拟进行了反演验证；Song 等（2012）在边坡上开展了抗滑桩现场试验，布设了 4 排抗滑桩，并建立了现场监测系统，研究表明抗滑桩挠曲变形和边坡位移场均受到了强降雨的影响，并采用数值程序

SLOPILE 进行了反演验证；孙淼军（2015）以三峡库区马家沟滑坡为研究对象，通过室内试验和反演获取了滑坡体流变参数，基于数值模拟研究了库水周期性升降作用下滑坡流变性质与抗滑桩受力变形的特征；Sharafi 和 Sojoudi（2016）通过模型试验和数值模拟共同研究了坡顶加载条件下，坡体内部软弱层分布、土体类型、桩间距等因素对边坡破坏模式、抗滑桩变形受力特征和土拱效应的影响。

## 1.2.4　水库滑坡-抗滑桩体系演化的试验与监测技术

数值模拟技术、物理模型试验和现场原位监测是研究水库滑坡演化和水库滑坡-抗滑桩体系演化过程与特征的三种有效手段。

### 1. 数值模拟技术

近几十年来，随着计算机的快速发展，数值计算方法在岩土领域中也得到了广泛应用。20 世纪 50 年代，基于最小总势能变分原理的有限元方法被首次提出，基于此原理的数值模拟软件 ANSYS、ABAQUS 等陆续被应用于岩土领域，它能很好地处理各种非线性问题，同时可以适用于各种复杂几何形状的模型求解。随后，20 世纪 80 年代出现了基于有限差分法的数值模拟软件 FLAC/FLAC3D，它采用混合离散方法来模拟材料的屈服或塑性流动特性，比有限元方法通常采用的降阶积分更为准确，同时由于采用显示法，在求解时无须形成刚度矩阵，计算所需内存很小，该软件常用于滑坡位移、应力场、应变场与稳定性的求解，也可以很好地考虑实际过程中的流固耦合、地震、蠕变、防治结构单元等作用。随后，Itasca 公司又陆续推出了基于离散元方法的 UDEC/3DEC/PFC，该类方法在处理非连续介质上有很大优势，特别适合于离散介质在荷载（力、流体、温度等）作用下的静、动态响应问题，如研究含节理岩质边坡的变形破坏过程，PFC 软件也常用在滑坡领域来揭示水库滑坡-抗滑桩体系相互作用的细观机理。

在数值模拟研究水库滑坡演化机理方面，Ng 和 Shi（1998）利用有限元方法研究了各种降雨工况和初始条件对暂态渗流与斜坡稳定性的影响；胡新丽和殷坤龙（2001）以重庆钢铁（集团）有限责任公司古滑坡为例，利用不同数值模拟组合方案分析膨胀力及水压力、地震力等因素对滑坡形成的影响，分析出该大型水平顺层滑坡的形成机制为牵引-平推式滑坡；胡新丽等（2006，2002）应用核磁共振（nuclear magnetic resonance，NMR）找水方法并结合其他方法建立赵树岭滑坡三维地质模型，提出了基于 NMR 技术的滑坡稳定性研究思路；章广成等（2007）应用 NMR 技术和钻孔资料开展了赵树岭滑坡物理模型试验，并利用有限元软件进行了渗流分析，进一步计算了各工况条件下的滑坡稳定性；胡新丽等（2007b）考虑了不同库水位条件下的三峡库区金乐滑坡的稳定性问题，基于 ICFEP 程序研究了在库水位波动周期内滑坡地下水位的变化规律；项伟等（2009）对洞坪库区瞿家湾滑坡群演化过程和机理进行了详细研究，利用 FLAC3D 对滑坡群 5 个主要演化阶段进行全过程动态仿真；胡新丽等（2011a）基于有限差分软件 FLAC 对不同河流下切深度工况下的保扎滑坡进行了反演分析，获取了滑坡岩土体参数，并揭示了滑坡运动模式为牵引式；Sun 等（2016b）基于滑坡岩土体力学试验和滑坡位移监测数据，将智能反演的岩土体参数应用到数值模拟，对得到的计算位移与滑坡监测位移进行比较，并利用遗传算法研究了滑坡岩土体力学参数与滑坡位移的非线性关系，最后得出三门洞滑坡的变形受到降雨和库水联合作用影响的结论。

近来，越来越多的学者开始采用数值模拟手段研究水库滑坡-抗滑桩体系的变形与演化过程。王新刚等（2013）采用有限差分程序分析了水库滑坡-抗滑桩体系在库水位骤然上升与下降条件下的位移场和应力场，研究了应力-渗流耦合作用下抗滑桩加固库区滑坡的位移和受力特征，表明抗滑桩与土体形成土拱效应及抗滑桩阻滑效应相互作用下防治滑坡效果明显；李宁等（2019）基于考虑降雨作用下抗滑桩边坡稳定性分析的强度折减法，评价了降雨条件下抗滑桩边坡体系的稳定性，考虑降雨时，桩布置得越密，越不利于雨水排放，因此抗滑力减小，下滑力增大，最终导致抗滑效果降低；胡新丽（2006）利用 ANSYS 软件，对三峡水库水位波动条件下抗滑桩的工程效果进行了研究，结果表明在长期的周期性水位波动后，抗滑桩的阻滑效果逐步下降，因此在抗滑桩设计中，应适当提高安全储备，防止滑坡失稳；胡新丽等（2011b）依据三峡水库实际运行条件进行了不同桩位的滑坡变形规律研究及稳定性计算，表明滑坡前缘在水位下降和最低水位时出现位移极大值，滑坡后缘在水位上升和最高水位时出现位移极大值；胡新丽等（2014）针对三峡库区马家沟滑坡滑体粗粒土开展了三轴蠕变试验，为马家沟滑坡-抗滑桩体系的相互作用的数值分析及长期安全性评价提供了充分的数据和合理的模型。

## 2. 物理模型试验

物理模型试验可以在室内重现滑坡或水库滑坡-抗滑桩体系整个演化过程，且试验材料可以直接继承滑坡原型岩土体本身的物理力学性质，也不需要任何本构假设，具有独特优势。

目前国内外水库滑坡-抗滑桩体系物理模型试验技术，主要包括试验装备与监测设备两个方面的研制和改造。在试验装备中，包括物理模型框架、加载装置、水位控制系统与抗滑桩模型，其中物理模型框架有固定或可活动坡度等类型，加载装置多用伺服液压加载器或千斤顶，水位控制系统主要为进排水与抽水装置，抗滑桩模型主要有刚性混凝土桩与柔性材料桩两类。在测试设备方面，马俊伟等（2014）将三维激光扫描技术应用于滑坡物理模型试验滑坡表面位移场监测；金林等（2016a，b）采用红外热像仪与热成像技术从能量变化的角度研究抗滑桩等防治结构的作用机制；南京大学施斌团队（严珺凡 等，2014；赵洪岩，2012）将光纤光栅技术应用于滑坡物理模型滑坡表面与深部监测；中国地质大学（武汉）张永权（2016）研制了柔性的模型试验深部测斜仪，获取滑坡模型演化全过程的深部变形特征；Hu 等（2019a）在物理模型试验中对比了刚性抗滑桩与柔性抗滑桩的抗滑机制与体系破坏特征。

在采用物理模型试验方法研究水库滑坡演化机理方面，罗先启等（2005）等基于室内物理模型试验研究了水库滑坡在库水位升降和降雨作用条件下的变形破坏规律；程圣国等（2005）进行了三峡库区滑坡地质力学试验研究，认为采用重晶石粉系能够较好地代替软土滑坡材料；李邵军等（2008）基于滑坡物理离心模型试验，研究了考虑库水位波动条件下的滑坡变形演化过程；Milne 等（2012）借助于离心模型试验得出了滑带土淤泥质含量越高越易导致土体孔隙水压力骤增的结论，从而直接影响降雨及水位变动条件下水库滑坡的稳定性；Fan 等（2016）进行了离心模型试验研究，发现库水位骤降条件下，乌东德水库小汉头滑坡在三层滑面复杂情况下呈现渐进式后退的变形破坏模式。

在水库滑坡-抗滑桩体系多场演化研究方面，马俊伟等（2014）在大型物理模型试验中利用三维激光扫描技术研究了水库滑坡-抗滑桩体系失稳过程中坡面位移场的演化规律；祝廷尉等（2014）通过开展水库滑坡-抗滑桩体系物理模型试验，揭示了滑坡推力作用下模型桩的受力特征、桩身弯矩分布规律及模型变形破坏模式；金林等（2016a，b）利用红外热像仪分析了模型试验中抗滑桩所在区域温度场的变化规律，从温度场角度证实了土拱效应的存在，并揭示了土拱形成过程及其机制；夏浩等（2017）通过红外热像仪与三维激光扫描仪监测系统，研究了滑坡模型变形破坏全过程的温度与位移特征，可为滑坡预报提供参考；Shen 等（2017）基于物理模型试验研究了前后双排桩的荷载分担比与承载力受布桩形式的影响。

由于地质条件和诱发因素的多样性与复杂性，采用数值模拟和物理模型试验手段开展水库滑坡相关研究时，需要对滑坡原有地质模型和影响因素进行概化。因此，数值模拟和模型试验研究成果与实际情况还有一定的误差。

### 3. 现场原位监测

通过在实际水库滑坡-抗滑桩体系中布设监测设备，可以获得能够直接反映现场实际水库滑坡-抗滑桩体系的监测数据以分析其变形演化，与物理模型试验和数值模拟技术相比，现场原位监测更加具有优越性。在现场监测研究方面，国内外采用的监测内容包括位移场、应力场、渗流场、抗滑结构应力应变及环境因素（表 1.1）。

基于滑坡位移场监测信息研究水库滑坡的演化过程成果较多。Tarchi 等（2003）、Farina 等（2006）、张振华等（2006）、Qi 等（2006）、Noferini 等（2007）、Stangl 等（2009）、杨秀元等（2008）、白永健等（2011）、Liu 等（2013）、Palis 等（2017）分别采用监测手段采集滑坡位移场数据，进而对水库滑坡演化机理进行了分析。

分布式光纤感测技术近些年发展快速，在开展水库滑坡-抗滑桩体系原位多场监测时拥有显著优势。南京大学施斌教授团队的汪其超（2017）和揭奇（2016）开展了大量滑坡与水库滑坡-抗滑桩体系监测与变形演化特征研究,研究均表明该技术能够很好地应用于水库滑坡-抗滑桩体系的变形监控与演化分析。Zhao 等（2019）采用现场监测研究了双排抗滑桩对高填方边坡的加固效果，认为填方阶段抗滑桩挠度随着填方的进行而线性增长。Kang 等（2009）基于现场监测研究了包括抗滑桩在内的分级支护对大型切方边坡稳定性的影响情况，表明边坡稳定性随着支护的持续进行而不断上升，且监测获得的桩顶位移要小于分析计算值。

**表 1.1 现场原位监测内容与手段**

| 监测内容 | 监测手段 | | 监测功能 |
|---|---|---|---|
| 渗流场 | 地面 NMR 布拉格光纤光栅（fiber bragg grating，FBG）水位传感器和钻孔内水位监测传感器 | | 监测地下水及其变化特征 |
| | FBG 渗压传感器、振弦式渗压计与布里渊光时域发射技术（Brillouin optical time domain reflectometry technology，BOTDR）光纤传感器、数据采集器（data taker，DT）数据采集系统 | | 监测滑坡地下孔隙水压力 |
| | 土壤水势与水分传感器 | | 测定土壤含水量、土壤水势、基质吸力等指标 |
| | 同位素示踪仪和孔内流速仪 | | 测定地下水流速和流向 |
| 位移场 | 滑坡表面位移场 | 三维激光扫描仪、无人机、全球定位系统（global positioning system，GPS）、全球导航卫星系统（global navigation satellite system，GNSS）、测地机器人、界面错位计和时域发射技术（time domain reflectometry technology，TDR）等 | 监测滑坡体表面变形特征 |
| | 深部位移场 | 光纤传感器、钻孔倾斜仪、引张线仪 | 监测滑坡体深部变形特征 |
| 应力场 | 分布式光纤传感器、土压力盒 | | 监测不同位置不同深度滑坡体内的土体应力 |
| 抗滑结构应力应变 | FBG、布里渊光频域分析（Brillouin optical frequency domain analysis，BOFDA）、布里渊光时域发射技术光纤传感器、钢筋计、应变仪 | | 测定抗滑结构不同位置应力和位移变化 |
| | 大地测量法、内部倾斜监测 | | 确定结构位移 |
| 环境因素 | 全自动气象采集实时监测系统 | | 监测研究区降雨量、降雨强度和降雨历时 |
| | 水位自动记录仪、水位标尺 | | 地下水位、江河水位观测 |

综上所述，当前数值模拟技术、物理模型试验和现场原位监测均已取得了长足的发展，但三种研究手段仍需继续提升与完善。例如，数值模拟技术中如何进一步确保数值模型或试验材料性质更加接近原型，以及如何更好地实现水库滑坡–抗滑桩体系的多场耦

合模拟；物理模型试验中如何进一步增加与改良监测设备，从而实现更加全面、精准的多场的监测；现场多场监测中，如何利用测试孔同步精确获取深部位移、孔隙水压力及地下水，现场原位监测中如何进一步加强数据测量的精确程度，以及如何完善多场监测的布置并实现自动化监测。

## 1.3　本书主要内容

本书主要内容如下：

（1）水库滑坡基本特征与水库滑坡-抗滑桩体系特征。基于水库滑坡特征分析，划分水库滑坡类型，建立不同类型的滑坡地质模型，阐述水库滑坡地质力学成因；对比分析三种类型滑坡——牵引式滑坡、推移式滑坡和复合式滑坡的变形破坏模式；以三峡库区典型水库滑坡朱家店滑坡为例，基于工程地质分析与灰色系统理论，研究该滑坡不同位置不同变形阶段稳定性的主要控制因素；探讨三种启动模式下水库滑坡-抗滑桩体系演化过程的宏观特征，揭示牵引式滑坡-抗滑桩体系、推移式滑坡-抗滑桩体系与复合式滑坡-抗滑桩体系的渐进演化过程。

（2）水库滑坡-抗滑桩体系原型试验技术与体系多场演化特征。选择三峡库区典型滑坡——马家沟滑坡进行分析，依据马家沟滑坡的工程地质条件和已有治理工程特征，设计构建马家沟滑坡-抗滑桩体系原型试验系统。马家沟滑坡-抗滑桩体系原型综合试验系统平台主要由水库滑坡-抗滑桩体系、多场信息监测系统和数据管理系统组成。基于马家沟滑坡-抗滑桩体系位移场、应力场、渗流场、应变场等多场监测信息数据，揭示典型水库滑坡-抗滑桩体系渗流场演化特征和渗流场主导的水库滑坡位移场动态响应特征；分析抗滑桩受力变形特征和滑坡与抗滑桩协同变形的规律；确定水库运行条件下马家沟滑坡-抗滑桩体系运动特征与破坏模式。

（3）水库滑坡-抗滑桩体系物理模型试验技术与体系演化规律。研制水库滑坡-抗滑桩体系大型物理模型试验系统。试验系统包括模型试验装置与多场监测系统。模型试验装置主要包括物理模型框架、加载装置与水位控制系统；多场监测系统包括渗流场、应力场、温度场与位移场等多场监测的设备及监测方法。基于水库滑坡-抗滑桩体系物理模型试验系统获取的位移场、应力场与应变场等多场信息分析，揭示了无水、静止水位和库水位波动条件下，水库滑坡-抗滑桩体系的多场演化特征；将水库滑坡-抗滑桩体系变形过程划分为初始变形、匀速变形、加速变形及破坏阶段；揭示水库滑坡-抗滑桩相互作用的土拱效应的演化特征；探讨不同库水作用条件下水库滑坡-抗滑桩体系的失稳破坏模式。

（4）基于数值模拟的水库滑坡-抗滑桩体系多场响应特征与演化机理。基于流固耦合数值模拟方法与机器学习技术，智能反演获取水库滑坡岩土体渗流参数，考虑库水位周期性波动和降雨，分别研究马家沟滑坡在无桩、植入工程桩与后期植入试验桩三种条件下水库滑坡-抗滑桩体系的多场演化特征，揭示体系的变形演化机理。马家沟滑坡为典型动水压力型滑坡，滑坡中前部主要受库水位下降作用影响，滑坡中后部滑体对降雨作用因素更为敏感。工程桩的植入对浅层滑面可起到一定的抗滑桩作用，由于工程桩未嵌固到稳定地层，无法对滑坡整体起到阻滑作用。试验桩植入后对桩后滑体变形起到一定的控制效果，滑坡中部位移明显减小，由于试验桩根数少，在库水位波动和降雨的耦合作用下，马家沟滑坡–抗滑桩体系发生阶跃型的协同变形演化。

第 2 章

# 水库滑坡基本特征与主要控制因素

# 2.1 水库滑坡分类

滑坡发生在特定的地质环境中，其产生的原因在于物质分布的非均一性和重力的不稳定性导致的位移（李宪中 等，2002；周萃英 等，1996）。从系统论的角度来理解，滑坡是一个不断与周围地质环境交换物质、信息和能量，具有复杂行为的开放系统（于德海和彭建兵，2010），滑坡的演化朝着有序的方向进行，开放性是滑坡产生的基本前提。滑坡系统的演化是滑坡系统的外环境（地球内、外地质营力）综合作用的结果。与其他系统一样，滑坡系统也有其形成、发展及消亡过程，充分体现了滑坡的自组织特性。滑坡系统与外部环境间连接的纽带为物质（落石、碎石、矿物质及地表地下水流等）和能量（热能、势能、光能等）（邹宗兴，2014）；滑坡系统在与外界环境互相作用时，滑坡系统内的应力场、位移场、温度场、渗流场等多场信息发生变化，从而促使滑坡系统不断演化发展。

从滑坡的内生动力成因角度看，滑坡系统由地形地貌、地质结构、地层岩性、水文地质等要素组成；从滑坡的外部动力成因角度看，根据动力要素在动力系统中的地位可将动力系统划分为顶层动力系统（滑坡演化动力的源泉）与直接交换动力系统（邹宗兴，2014）。根据滑坡系统的描述，从内动力物质系统、外动力激励系统和变形状态演化系统出发，结合滑坡组构、诱发因素、动力效应、变形发育过程、变形力学模式进行水库滑坡初步分类（谭福林，2018）（图 2.1）。

（1）滑坡内动力物质系统分类：滑坡根据其组构的不同，可划分为土质滑坡和岩质滑坡两大类。其中，土质滑坡以堆积层滑坡为主，是沿着第四系堆积物在堆积过程中形成的物质分异面产生滑移的滑坡；岩质滑坡根据滑动面运动方向与滑床岩层倾向关系的不同，可划分为顺层滑坡、切层滑坡等，顺层滑坡是指滑动面运动方向与滑床岩层倾向基本相同的滑坡，切层滑坡是指滑动面运动方向与滑床岩层倾向相切的滑坡。

（2）滑坡外动力激励系统分类：对于大部分滑坡，大气降雨和库水位变动是滑坡变形演化的主要诱发因素。特别是对于水库滑坡，调查结果和监测资料分析显示，在强降雨阶段、库水位下降阶段和库水位上升阶段，水库滑坡都有可能产生显著变形。因此，依据诱发因素，将水库滑坡划分为三种基本类型，即降雨入渗型滑坡、水库蓄水型滑坡和水库泄水型滑坡。另外，降雨和库水位变动对滑坡的动力效应主要体现在材料力学效应与水动力学效应。据此可将水库滑坡划分为三种基本类型，即库水浮力型滑坡、动水压力型滑坡和库水浸泡软化型滑坡。

（3）滑坡变形状态演化系统分类：滑坡变形破坏发育过程表现的特征不同，有些滑坡表现为滑坡启动之前没有明显的变形预兆，滑坡的变形破坏过程也十分短促，如由短时暴雨、库水位骤降和强烈地震诱发的滑坡，该类滑坡常表现为滑带土抗剪强度是在瞬间达到极限抗剪强度，即突然失稳型滑坡；而有些滑坡变形破坏的演化表现出比较明显的渐进破坏过程，在启动之前往往具有明显的变形迹象，如地表出现裂缝、沉陷或隆起的局部变形迹象，即渐进破坏型滑坡。另外，根据滑坡变形起始部位及滑动力学性质的

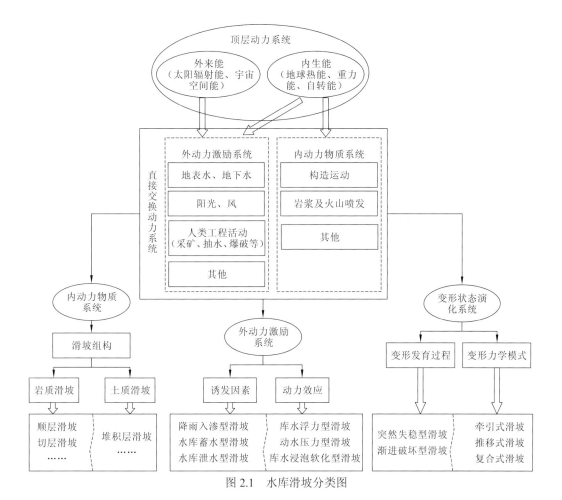

图 2.1　水库滑坡分类图

不同，可将滑坡划分为三种类型，即牵引式滑坡、推移式滑坡和复合式滑坡。牵引式滑坡是指滑坡前缘首先发生滑移，随后牵引中后部失去支撑的滑体产生滑移，其空间变形形式为自前向后发展。推移式滑坡是指滑坡后缘首先发生滑移，随后不断挤压中前部滑体产生滑移，其空间变形形式为自后向前发展，该类滑坡以受后缘加载或降雨等影响为主。复合式滑坡是指滑坡始滑部位在某一时间段内以前缘牵引式为主，而在另一时间段内则以后缘推移式为主，或者前缘牵引、后缘推移在某一个时间段内同时进行。

## 2.2　不同类型滑坡地质力学模型

### 2.2.1　不同类型滑坡形成条件

　　随着我国经济建设的高速发展，一些大型水利水电工程相继在地质条件复杂、滑坡地质灾害频发的地区规划、建设，如三峡工程、西南三江大型水电群等；水库滑坡备受国内外学者关注，而合理的滑坡分类是滑坡稳定性评价和防治的基础，在现行众多滑坡分类方法当中，按滑坡变形力学模式分类因对滑坡稳定性评价和防治具有重大的意义而被广泛应用；滑坡按力学特征可分为牵引式滑坡和推移式滑坡（刘于润 等，2002），除此之外，由 2.1 节水库滑坡分类可知，滑坡将产生变形成为更为复杂的复合式滑坡。三峡库区不同类型滑坡广泛分布（李远耀，2007），其中包括老蛇窝滑坡、谭家河滑坡、木鱼包滑坡、白家包滑坡、黄金坝滑坡、八字门滑坡等推移式滑坡，卡子湾滑坡、树坪滑坡、白水河滑坡、卧沙溪滑坡、三门洞滑坡、大坪滑坡、谭家湾滑坡等牵引式滑坡，以及宝塔滑坡等复合式滑坡。水库滑坡的形成是内外因素共同作用的结果，内部因素主要提供了滑坡物质的来源与滑动条件，外部因素则是滑坡发生的驱动因素，两者缺一不可。三种类型滑坡的形成条件可以大致概括如下（谭福林 等，2016）。

（1）地形地貌条件：滑坡的发生需要有临空面，即具有向外移动的空间条件。牵引式滑坡由于坡脚的开挖或者前缘受库水冲刷，坡面形态一般具有前部陡-中后部稍缓式特点，滑移面形态具有前部陡-中后部缓式滑面特点；推移式滑坡的坡面形态一般具有后部陡-中前部稍缓式特点，滑移面形态具有后部陡-中前部缓式滑面特点；而复合式滑坡结合了前两者的特点，坡面形态具有前后部陡-中部稍缓式特点，滑移面形态具有后部陡-中前部缓式复合式滑面特点。不同的滑移面形态导致滑坡不同部位的受力状态不同，这将使坡体岩土体的应力场在不同位置发生变化，从而呈现局部应力、应变集中现象。例如，牵引式滑坡前缘较平缓且较短，在压应力集中条件下容易首先发生破坏；推移式滑坡后缘较陡，容易先发生张拉破坏；复合式滑坡前缘在压应力集中条件下发生破坏，后缘发生张拉破坏。这样，牵引式滑坡和复合式滑坡前缘坡体应力集中，推移式滑坡和复合式滑坡后缘应力集中。可见，地形地貌条件是导致滑坡变形破坏形式不同的一大原因。

（2）地层岩性条件：水库滑坡大多是由第四系或近代以来的松散堆积物构成的堆积层滑坡，滑坡往往发生在堆积层、风化带及岩土体的软弱夹层所组成的斜坡地带，滑体多由松散堆积物构成，结构松散，透水性好，强度低，这不仅能够在后缘的加载过程中产生较大塑性变形，而且在前缘有利于降雨和库水位的入渗，降低岩土体强度。若是岩质滑坡，产生的相应位置的裂缝往往沿岩体内已有的构造裂面或其组合面发育，依然可以产生不同类型的滑坡。滑坡的滑带主要为松散堆积物与基岩接触带（基伏界面）以碎石土、含碎石黏土或粉质黏土、黏土等为主，其抗剪强度的峰残强度差较大。

（3）地质构造条件：自然形成的推移式滑坡和复合式滑坡后部主要存在陡峭岩体，并且节理裂隙比较发育，完整性差，随着风化程度的提高，易发生崩塌落石现象，对滑坡后缘起到加载效应；而牵引式滑坡和复合式滑坡前部岩体节理裂隙较为发育，易风化且易被库水和降雨产生的地表水冲蚀，从而形成临空面。

（4）水文地质条件：除了前缘坡脚开挖、库水冲刷及后缘加载产生的应力集中效应导致岩土体剪切应变软化外，地表降水与地下水对滑坡稳定性影响也很大，主要表现在降低岩土体强度，增加岩土体自重，产生动水压力、静水压力、孔隙水压力等。在三种类型滑坡变形破坏过程中产生的裂缝提供了良好的流动通道，导致其变形破坏极易受库水和降雨的影响。

（5）外在诱发因素：不同类型的水库滑坡诱发因素存在差异，但基本都体现为外动力对滑坡的加卸载作用和强度参数的改变等，即产生岩土材料的强度软化效应和孔隙水压力效应。库水位变动和降雨是诱发滑坡变形破坏的最活跃的外动力因素，在降雨和库水位波动等作用下，不同类型的滑坡变形破坏规律具有明显的独特性。降雨和库水位波动使地下水浸入坡体，导致滑带岩土体发生软化、泥化，造成抗剪强度参数降低，同时湿润及饱和坡体，增大坡体自身荷载；另外，库水位波动将产生静动水压力，削弱滑动面上有效正应力，滑体受到浮托力作用，从而导致抗滑力减小而直接诱发坡体变形。因此，降雨和库水位变动的联合作用一方面可以导致滑坡局部宏观变形或破坏的发生，另一方面会显著降低滑坡的稳定性；最终，水库滑坡在自身的地质结构和地形地貌等内在因素与库水位波动、降雨等外因的共同作用下形成并发展。

对于牵引式滑坡，根据其形成条件可知，开挖路堑坡脚、河流冲刷是引起牵引式滑坡的主要作用因素，其增大了滑坡坡脚应力和滑带剪应力，导致前缘局部先变形，逐渐向后依次发展；同时，其他因素（如降雨、地表水下渗、地震等）加快了牵引式滑坡的变形破坏。对于推移式滑坡，根据其形成条件可知，推移式滑坡后缘坡上加载及地表水下渗是引起推移式滑坡的主要作用因素，其增大了滑坡后缘坡体应力和滑带剪应力，导致后缘先变形，逐渐向前挤压变形，其他因素（如库水位升降、地震等）加快了推移式滑坡的整体变形破坏。对于复合式滑坡，根据其形成条件可知，开挖路堑坡脚、河流冲刷、坡上加载及地表水下渗都是引起复合式滑坡的主要作用因素，其既增大了滑坡坡脚应力和滑带剪应力，导致前缘局部变形，又增大了滑坡后缘坡体应力和滑带剪应力，导致后缘变形，前缘变形对其后部起到牵引变形控制作用，而后缘变形起到加载作用，同时，其他因素（地震和爆破振动等）加快了复合式滑坡的整体变形破坏。

## 2.2.2　不同类型滑坡地质模型

水库滑坡的发生与水的作用密不可分，库水位波动和降雨入渗是水库滑坡的主要诱发因素（陈松 等，2008）；滑坡自身的地质结构和地形地貌是水库滑坡形成的内在因素，水库滑坡是在内因和外因的共同作用下形成的。因此，水库滑坡的发生是多种因素复杂作用的结果，其变形破坏主要受控于库水位波动和降雨。

在降雨和库水位波动等作用下，不同类型滑坡的变形破坏规律具有明显的独特性，牵引式滑坡表现为由前至后的渐进变形破坏，推移式滑坡表现为由后至前的渐进变形破坏，复合式滑坡表现为由前后至中间的渐进变形破坏。然而，对于同一类型的滑坡，由于滑坡地质等条件的差异，滑坡的变形演化过程不可能完全一致；吴丹丹等（2014）对滑坡基本地质模型进行抽象和概化，为滑坡演化过程研究提供了有效的解决途径。滑坡地质模型是以模型概化的形式将滑坡的基本变形规律和主要控制因素考虑在内，从本质上把握滑坡活动各种要素的地位与作用，这个过程将主要考虑以下六个层次。地质模型建立过程如下：

（1）滑坡形态研究，通过野外地质调查与勘探，进行滑坡定性分析，采用工程地质等理论刻画其平面和剖面性状，特别是滑坡的滑带形态特征。

（2）滑坡物质组成研究，通过野外勘查及室内物理力学试验，充分掌握滑坡岩土体的层位变化、不同岩土体物理力学参数，特别是滑带性状特征和滑体渗透特性，这是滑坡定性与定量分析的重要前提。

（3）滑坡地质结构研究，在滑坡物质组成研究的基础上，通过定性与定量分析确定滑坡主导性或优势结构面及滑坡体物质的松散程度，特别是滑动面的连通性、分层性和有无分区、分段性等。

（4）滑坡动力因素（降雨和库水位波动等）研究，主要是分析其时空强度分布及其变化情况，如滑坡的库水位上下波动变化、降雨过程变化情况等。

（5）滑坡变形运动研究，主要是分析滑坡的变形性质与强度，预测可能的变形破坏方式，指出其主要变形方向与控制性变形点等；不同类型水库滑坡在其独特的地质结构特征下受降雨和库水位的影响而表现出不同的渐进演化过程，通过野外滑坡工程地质条件调查研究及对滑坡的变形监测，可以对不同类型滑坡各个变形阶段进行识别、信息反馈及动态评价，能够实现滑坡的预测预报，为滑坡的控制提炼出有效信息，对不同类型滑坡进行总体判断和综合分析。

（6）滑坡发育阶段研究，详细了解其发育历史和稳定状况，以及促使其阶段转化的主要因素，从而更准确地判识滑坡发育阶段。

在上述滑坡形成条件的基础上，在外动力（库水位波动、降雨等）作用下，牵引式滑坡和复合式滑坡前缘首先出现应力集中，推移式滑坡和复合式滑坡后缘首先出现应力集中，从而导致滑坡变形破坏形式存在差异。大量研究发现滑坡具有三段式滑动模式（郑颖人 等，2007），一般认为滑坡都由主滑段、主动段和抗滑段组成，这种简化方法因具有代表性被普遍使用。为了进行不同类型滑坡演化过程的研究，基于三段式滑动模式的力学模型，分别对不同类型滑坡三段式滑动模式进行地质模型概化：推移式滑坡的滑面一般呈前部缓、后部陡的形态特征，滑坡的中、前段为抗滑段，后段则为主动段；牵引式滑坡的滑面一般呈前部稍陡、后部稍缓的形态特征，滑坡的中、前段抗滑段较短或抗滑能力弱，后段则为主动段；复合式滑坡的滑面一般呈前、后部陡的形态特征，滑坡中段形态稍缓，为阻滑段。三种类型滑坡地质模型概化如图2.2所示。

## 2.2.3 不同类型滑坡力学成因机制

滑坡发生的本质是其力学系统的平衡状态被打破，由原来的平衡状态转变为另一个平衡状态的过程，是作用于滑坡系统的下滑力超过其所受到的抗滑力的结果。滑坡产生的原因主要有两方面：一方面是剪切应力的增大；另一方面是岩土体抗剪强度的降低，或两者的结合。而滑坡机理是指一定地质条件下的岩体或者土体斜坡，在各种因素作用下，发生变形、破坏、滑动，直至停止的全过程，涵盖了各种因素和地质条件相互作用的量变与质变过程，既包括坡体破坏后滑坡由蠕动、挤压、匀速滑移到加速滑动的宏观过程，又包括物理化学作用引起土体强度衰减的微观过程。而且滑坡种类多，发生在不同的介质中，又有多种作用因素，因而其发生机理也是复杂而多样的。突出滑坡地质基

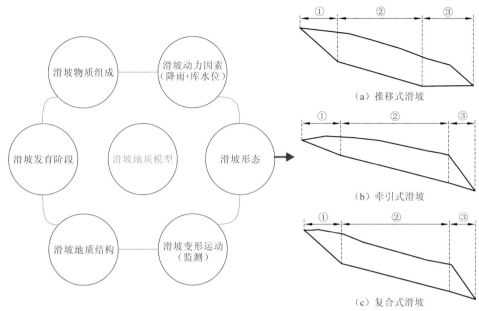

图 2.2　三种类型滑坡地质模型概化

①为主动段；②为主滑段；③为抗滑段

础的重要性，必须以正确进行地质分析为基础，且和地质分析的结论相一致，系统地分析其形成条件、主要作用因素、应力分布状态，并论述其变形破坏模式，建立合理的地质力学计算模型，为滑坡的稳定性计算和评价滑坡灾害预测预报和有效防治提供理论基础，首先需要深入了解滑坡变形特征及形成机理（谭福林 等，2018，2015）。不同类型滑坡的力学成因机制各异，下面就利用以上概化的地质模型进行不同类型滑坡的力学成因机制分析。

（1）牵引式滑坡：牵引式滑坡的滑动是斜坡下部受冲刷或人工开挖坡脚，或者滑坡受水，造成应力调整、坡体松弛，地表水渗入软化滑带，前部滑体即牵引段，首先失稳产生蠕动，同时因失去平衡而发生主动土压破裂，造成的滑坡局部滑动。因此，前部滑体的大主应力 $\sigma_1$ 是该区段土体重力（$\gamma h$），小主应力 $\sigma_3$ 为水平压应力。由于 $\sigma_3$ 的减小会产生主动土压破坏，破裂面与大主应力 $\sigma_1$ 的夹角为 $45°-\varphi/2$，破裂面与水平面的夹角 $\alpha_1=45°+\varphi/2$，$\varphi$ 为前部滑体土体的内摩擦角。随着变形的逐步发展，前缘滑体后缘支撑削弱甚至临空，前部滑体后缘以后的滑体也产生变形失稳而出现新的滑动，其同样是发生主动土压破裂，后部滑体的大主应力 $\sigma_1$ 也是该区段土体重力（$\gamma h$），小主应力 $\sigma_3$ 为水平压应力。由于 $\sigma_3$ 的减小会产生主动土压破坏，破裂面与大主应力 $\sigma_1$ 的夹角为 $45°-\varphi_1/2$，破裂面与水平面的夹角 $\alpha_1=45°+\varphi_1/2$，$\varphi_1$ 为被牵引区土体的内摩擦角，受力状态如图 2.3 所示。

（2）推移式滑坡：滑坡的滑动是因为斜坡下部受冲刷、切割或浸泡作用等造成应力调整、坡体松弛，地表水渗入软化滑带，主滑段首先失稳产生蠕动，主动段因失去侧向支撑而发生主动土压破裂。因此，主动段的最大主应力 $\sigma_1$ 是该段土体的重力，最小主应

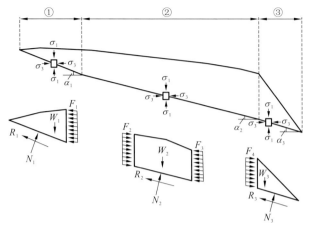

图 2.3　牵引式滑坡三段式滑动模式受力状态

①为主动段；②为主滑段；③为抗滑段；$\sigma_1$ 为大主应力；$\sigma_3$ 为小主应力；$W_i$ 为土体重力；$F_i$ 为相邻区段滑体
的作用力；$R_i$ 为滑动面摩擦力；$N_i$ 为滑动面支持力

力 $\sigma_3$ 为水平压应力。由于 $\sigma_3$ 的减小会产生主动土压破坏，破裂面与最大主应力 $\sigma_1$ 的夹角为 $45°-\varphi_3/2$，$\varphi_3$ 为抗滑段土体的内摩擦角，破裂面与水平面的夹角 $\alpha_1=45°+\varphi_3/2$。主滑段一般属于纯剪切受力，即受平行滑面的下滑力与滑床的阻滑力构成的一对力偶作用，派生出大主应力 $\sigma_1$ 和小主应力 $\sigma_3$，从而形成一组压扭面和一组张扭面，当滑坡位移较大时，在滑动带的上、下形成剪切光滑面，并常有擦痕；压扭面也光滑，但倾角比主滑面陡。抗滑段受来自主滑段和主动段的滑坡推力作用，因此其最大主应力 $\sigma_1$ 平行于主滑段滑面，最小主应力 $\sigma_3$ 与 $\sigma_1$ 垂直，因而形成被动土压破裂面。该面与大主应力 $\sigma_1$ 的夹角为 $45°-\varphi_1/2$。该新生破裂面与水平面的夹角 $\alpha_1=45°-\varphi_1/2-\alpha_2$，$\alpha_2$ 为主滑面与水平面的夹角，$\alpha_3$ 为地表反翘的剪出口。但是受地层结构和临空条件控制，剪出口常有多条；受力状态如图 2.4 所示。

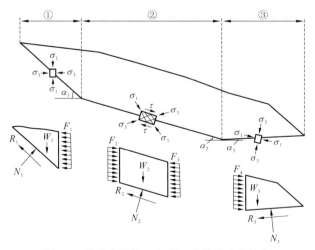

图 2.4　推移式滑坡三段式滑动模式受力状态

①为主动段；②为主滑段；③为抗滑段；$\sigma_1$ 为大主应力；$\sigma_3$ 为小主应力；$W_i$ 为土体重力；$\tau$ 为剪应力；
$F_i$ 为相邻区段滑体的作用力；$R_i$ 为滑动面摩擦力；$N_i$ 为滑动面支持力

（3）复合式滑坡：复合式滑坡的斜坡前部受库水位冲刷或人工开挖坡脚影响，前缘滑体因失去平衡而发生主动土压破裂，造成滑坡局部滑动，因此前缘滑体大主应力 $\sigma_1$ 是该区段土体重力（$\gamma h$），小主应力 $\sigma_3$ 为水平压应力，产生主动土压破坏，破裂面与大主力 $\sigma_1$ 的夹角为 $45°-\varphi/2$，破裂面与水平面的夹角 $\alpha_1 = 45°+\varphi/2$，$\varphi$ 为前缘土体的内摩擦角。滑坡后缘危岩体持续性地发生自然崩塌及人类活动（采煤、修建房屋等），导致滑坡后缘滑坡体竖直向荷载不断增加，使后缘滑坡体失去平衡而发生主动土压破裂，该区段的大主应力 $\sigma_1$ 也是该区段土体重力（$\gamma h$），小主应力 $\sigma_3$ 为水平压应力，破裂面与大主应力 $\sigma_1$ 的夹角为 $45°-\varphi_1/2$，破裂面与水平面的夹角 $\alpha_1 = 45°+\varphi_1/2$，$\varphi_1$ 为后缘被牵引土体的内摩擦角。随着前缘滑体和后缘滑体的失稳始滑，中间主滑段一方面受到后缘滑坡体的逐渐加载作用，另一方面失去了前缘滑坡体的阻滑作用，使得滑坡受力变得复杂，首先主滑段受自身平行滑面的下滑力与滑面的阻滑力构成的一对力偶作用，主动段受来自后缘滑体的滑坡推力；因此，由多重作用派生出大主应力（主压应力）$\sigma_1$ 和小主应力（主张应力）$\sigma_3$，受力状态如图 2.5 所示。

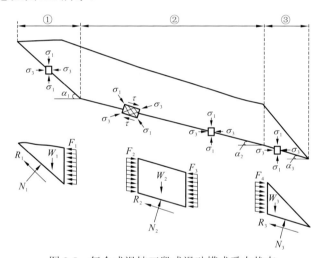

图 2.5　复合式滑坡三段式滑动模式受力状态
①为主动段；②为主滑段；③为抗滑段；$\sigma_1$ 为大主应力；$\sigma_3$ 为小主应力；$W_i$ 为土体重力；$\tau$ 为剪应力；
$F_i$ 为相邻区段滑体的作用力；$R_i$ 为滑动面摩擦力；$N_i$ 为滑动面支持力

## 2.2.4　不同类型滑坡变形破坏模式

### 1. 牵引式滑坡变形破坏模式

自然条件下，斜坡处在稳定或略高于极限平衡状态，坡脚是重要的阻滑段，在降雨持续作用、库区库水对前缘冲刷、库水位升降等不利工况下，斜坡前缘临空高度增加，抗滑力逐渐减小，导致斜坡前缘产生变形，坡面产生裂缝。产生的牵引变形裂缝为地下水下渗提供了通道，持续降雨形成的地表水也可通过裂缝下渗到斜坡的更深部，这样将产生如下后果：第一，软化潜在滑动面，滑动面物理力学参数降低，抗滑能力下降；第二，滑体容重增加，下滑力也随之增加；第三，产生静动水压力，使下滑力增加，抗滑力降低。综合不利条件下滑坡前缘滑体失稳，随着变形的逐步发展，前缘滑体后缘支撑削弱甚至临空，同时以后的坡体也产生变形失稳而出现新的滑动，从而导致前缘滑体首先滑动，之后斜坡体逐步向后、向上发展，滑坡前缘变形将对其后部坡体产生牵引效应，使得关键阻滑段缺失，支撑削弱甚至临空，进而使中后部坡体产生应力集中效应，潜在滑动面变形而产生应力损伤，导致后部滑体变形；随着变形逐步向后、向上发展，形成受前缘阻滑段渐变式牵引变形控制、中后段逐步变形破坏的链式传递过程，表现为后退式渐进（图 2.6）。

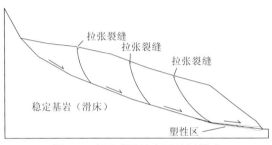

图 2.6 牵引式滑坡变形破坏模式

## 2. 推移式滑坡变形破坏模式

推移式滑坡由于后缘危岩体常年崩塌及人类活动（采煤、修建房屋等），后缘大量堆载，后缘拉张裂缝发育，后缘滑体荷载不断积累，岩土体在斜坡上的下滑力逐渐达到并超过其抗滑力，触发了滑坡的变形，引起后部失稳始滑而推动前部滑动，后缘变形滑体朝滑坡中部压缩变形，是一个逐渐加载的过程，滑坡后缘滑动带向下扩展，随着塑性区的扩大，应力集中范围向前部扩大，并逐渐向前缘积累，局部产生鼓胀裂缝。变形具有由后至前传递的特征，而前缘较平缓的滑坡区域有效地阻挡了后缘所传递的变形量；但当前缘滑体所提供的抗滑力不足以维持后缘所施加的下滑力时，滑动面由上至下逐渐贯通，从而导致滑坡的整体失稳破坏，形成后部加载—中前部挤压变形—滑带剪断贯通—整体变形失稳的变形破坏过程，表现为前进式渐进（图 2.7）。

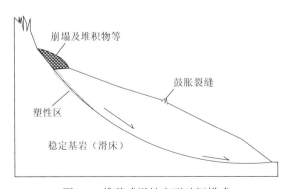

图 2.7 推移式滑坡变形破坏模式

3. 复合式滑坡变形破坏模式

复合式滑坡同时具有牵引式滑坡和推移式滑坡的特点。自然条件下，斜坡坡脚是重要的阻滑段，在坡脚开挖、库水位对前缘冲刷、库水位升降等不利工况下，斜坡前缘临空高度增加，抗滑力逐渐减小，导致斜坡前缘产生变形，坡面产生裂缝；产生的牵引变形裂缝为地下水下渗提供了通道，持续降雨形成的地表水也可通过裂缝下渗到斜坡的更深部，综合这些不利条件，前缘滑体失稳，且变形破坏，前缘滑体后缘支撑削弱甚至临空，前缘滑体后缘以后的滑体阻滑作用减弱而产生变形；另外，滑坡后缘危岩体常年崩塌及人类活动（采煤、修建房屋等）导致后缘大量堆载，后缘拉张裂缝发育，后缘滑体荷载不断积累，岩土体在斜坡上的下滑力逐渐达到并超过其抗滑力，引起后部失稳始滑而推动前部滑动，后缘变形滑体朝滑坡中部压缩变形，是一个逐渐加载的过程，产生鼓胀裂缝。总之，滑坡前缘受冲刷或开挖变陡造成坡脚附近应力集中，坡体应力调整，下部坡体变形滑动，关键阻滑段缺失而对滑坡中间段支撑减弱；滑坡中间段滑带多是地质上已存在的相对软弱带（面），受水软化而强度降低，承受不了后缘滑坡体逐渐加载产生的下滑力而发生变形，出现塑性区，随着塑性区的扩大，滑坡中间段向下蠕动，当整个滑动面空间贯通时，滑坡就开始整体滑移。最终，形成前部牵引—后部加载—中部滑带剪断贯通—整体滑移失稳的变形破坏模式，即复合式滑坡破坏模式，如图 2.8 所示。

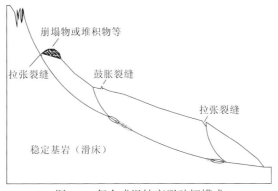

图 2.8　复合式滑坡变形破坏模式

# 2.3　不同类型滑坡时空演化规律

## 2.3.1　滑坡渐进变形演化过程内在规律

滑坡岩土体由于自然因素的作用（如河谷不断下切）或受人类工程活动的影响（如人工开挖），将随着时间的推移从局部的小变形发展到整体的大变形直至最后的成灾破坏，这是一个动态演化的过程（黄润秋和许强，1999）。滑坡的发育阶段研究是预测和防治滑坡的基础。在处理滑坡时，必须判断它所处的发育阶段及发展趋势。滑坡演化是从稳定到不稳定，再从不稳定到稳定这样周期性变化的。因此，有必要对不同类型滑坡的演化过程进行研究。

滑坡演化过程研究基本都是基于渐进破坏理论开展的。滑坡渐进破坏实质是量变到质变的规律，并存在时空的演化规律：①在时间上，滑坡不是瞬间破坏，而是经历初始变形、变形发展直至整体破坏的持续过程；②在空间上，滑坡不是整体同时破坏，而是首先在局部变形破坏，然后应力转移并向其他部位发展，最后潜在滑动面贯通时滑坡整体失稳。大量的研究表明（李聪 等，2016；罗文强 等，2016；Petley，2010；许强 等，2008），滑坡的变形演化一般会经历初始变形阶段（ab）、等速变形阶段（bc）、加速变形阶段（cd）、急剧变形阶段（de）四个基本变形阶段，各阶段位移随时间关系如图 2.9 所示。

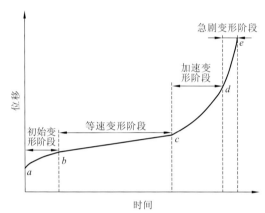

图 2.9　滑坡基本演化阶段划分

在滑坡演化的整个过程中，滑坡与外动力系统（这里主要是降雨和库水位波动）是相互作用、相互影响的（图 2.10）。本章通过一种滑坡稳定性系数-变形速率-滑面裂纹扩展-时间模型来描述水库滑坡的渐进演化过程的内在规律。

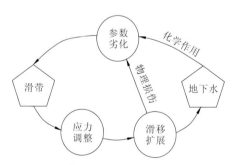

图 2.10　滑坡与外动力系统相互作用示意图（邹宗兴，2014）

初始变形阶段（ab）（图 2.11）：滑坡初始变形阶段的稳定性系数随时间不断变化，随着库水位波动和降雨作用，滑坡坡内孔隙压力出现增加或减小，滑坡稳定性系数出现波动。在周期性外动力系统影响下，在稳定性系数大于 1.0 的某个时刻，滑坡的滑带剪切面逐步发展。在早期的发展阶段，剪切面的形成是通过滑带土体微裂纹的生长来实现的，一旦微裂纹开始形成，即使滑坡岩土体的实际应变很小，滑坡也将产生少量的蠕变位移，在库区很多稳定的边坡（滑坡）基本都处于这种状态；滑坡岩土体微裂纹的发展可能有轻微削弱滑坡稳定性的作用,因此滑坡稳定性系数将会出现一个小的下降。然而,这个阶段的边坡(滑坡)仍然是稳定的,随后的孔隙水压力变化将有可能导致滑坡稳定性系数的上升。

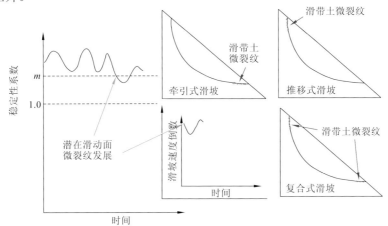

图 2.11　滑坡滑带微裂纹形成过程稳定性和变形发展规律示意图

$$1.0 < m < 2.0$$

等速变形阶段($bc$):在库水位波动和降雨的作用下,滑坡的稳定性也呈现波动状态,但由于滑坡岩土体受地下水的反复浸泡而产生应力损伤和应变软化等现象,滑坡的整体稳定性呈现下降趋势。第二个滑坡稳定性系数关键阈值显示在图 2.12 中,此时,在滑坡剪切带内,微裂纹密度达到了它们相互作用的初始值,在这个过程中剪切带内微裂纹之间的应力水平逐渐增加,从而导致微裂纹的聚集,产生了自上而下、自下而上、自上下往中间的不同类型的剪切面,在此阶段破裂面尚未充分发展。滑坡剪切表面裂纹的不断扩展导致处于峰值强度的岩土体向残余强度转变,滑坡的稳定性系数会逐渐下降。在剪切面发展的早期阶段,通过减小孔隙压力可以减小滑坡的进一步变形。滑坡这一阶段的性状变化在 Varnes 等(1978)的蠕变研究当中可以得到证实,其剪切面渐进发展的特征使滑坡体产生局部滑动。

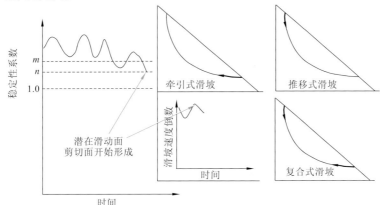

图 2.12　滑坡剪切面形成过程稳定性和变形发展规律示意图

$$1.0 < n < m < 2.0$$

加速变形阶段（cd）：图 2.13 显示了滑动剪切面快速增长的过程。在这个过程中，剪切面的应力不断发生变化，滑坡系统发生动态变化，发生剪切的区段应力逐渐增加，剪切段和未发生剪切段的岩土体材料的应力逐渐上升，滑坡稳定性系数随时间变化梯度减小。当达到一定程度时，滑坡内部剪切面逐渐向未发生剪切带扩展，滑坡速度倒数逐渐减小，在某一临界点（即临界位置）后呈双曲线增加（Kilburn and Petley，2003）。在这个阶段，滑坡大部分位置的剪应力逐渐超过了岩土体剪切强度，滑坡将开始出现加速变形。

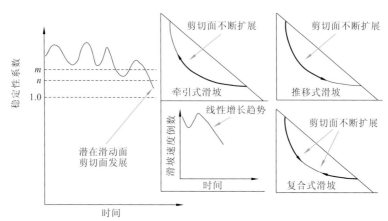

图 2.13 滑坡剪切面快速形成过程稳定性和变形发展规律示意图

$1.0 < n < m < 2.0$

急剧变形阶段（de）：滑坡变形速率倒数与时间呈线性关系，这时在孔隙水压力的作用下滑坡变形速率随着时间变得越来越小，这意味着在孔隙水压力变化比较小的情况下，不会使滑坡变形速率发生改变。但是，随着降雨和库水位波动的长期作用，除了孔隙水压力外，岩土体的物理力学参数降低，滑坡自身下滑力不断增加，滑动面将整体贯通，直至滑坡整体破坏（图 2.14）。

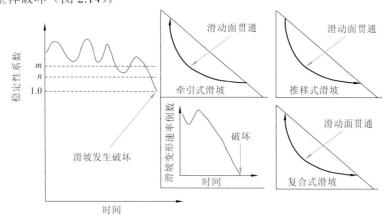

图 2.14 滑坡破坏过程稳定性和变形发展规律示意图

$1.0 < n < m < 2.0$

以上模型简要阐述了滑坡渐进演化过程的内在规律，可以解释滑坡在不同状态发生变形的现象：第一，当滑坡演化到急剧变形阶段（即将破坏）时，滑坡各个部分的稳定性系数达到了统一（小于 1.0），也因此可以知道，在滑坡渐进演化过程中，在稳定性系数大于 1.0 时，不同类型滑坡的不同部位必将发生相应的变形；第二，滑坡岩土体变形会通过微裂纹的形成而发展，随后，这些裂纹相互作用并结合形成剪切面，此时裂缝开始降低滑坡抵抗剪切力的能力。本章利用一种滑坡渐进发育模型，说明了许多滑坡系统的行为特征，包括滑坡稳定性发展和滑坡渐进性时效规律。在滑坡稳定性评判当中，滑坡稳定性系数是一个滑坡系统的关键数值，研究人员只能获得现阶段这个关键的稳定性系数来评价滑坡稳定性，而在整个演化过程中，因自身地质条件和动力因素作用的强弱不同，滑坡的稳定性有所不同。在最后一阶段，剪切面会由于剪切应力大大增加而非常迅速地增长，此阶段滑坡变形速率倒数与时间的关系具有快速增长的线性特征，以此可以预测滑坡失效的时间。当然，该模型需要进一步完善，特别是通过更详细的监测数据分析和室内试验分析加以论证。

## 2.3.2　滑坡不同变形阶段裂缝发展及宏观特征

在滑坡渐进演化的过程中，不同类型的滑坡由于各种内外动力作用，在空间上会形成不同成因、不同类型的地表裂缝，这些裂缝的出现次序和空间分布可以很好地表征滑坡的变形发育阶段，同时也可以通过裂缝信息进行滑坡类型判别和变形发展趋势的预测。晏同珍等（1997）将这种滑坡裂缝出现次序和空间分布与变形发育阶段的对应关系称为滑坡断裂构造的生成次序规律，马俊伟（2016）提出了滑坡变形发育阶段的裂缝的分期配套特征。大量野外调查和研究表明，滑坡不同变形阶段的裂缝发展和宏观特征与其变形动态及发育阶段的内在联系，是滑坡渐进演化过程的外在表现。一般来说，滑坡的地表裂缝类型是由滑坡相应部位的力学状态决定的，滑坡不同部位的拉（张）应力、剪应力、张扭应力及压应力在滑坡渐进演化过程中是逐步增大的，并且在其相应部位出现与其力学性质对应的拉张裂缝、剪切裂缝、鼓胀裂缝等。滑坡裂缝是滑坡变形发展演化最直观的宏观特征，当获得的位移等监测数据不足时，裂缝发展特征信息在进行滑坡演化阶段的识别中显得尤为重要。很多学者对滑坡已有裂缝信息进行了统计分析，典型滑坡在不同变形阶段的裂缝及宏观特征如表 2.1 所示。

表 2.1　典型滑坡在不同变形阶段的裂缝及宏观特征（李聪 等，2016）

| 滑坡名称（滑坡类型） | 初始变形阶段 | 等速变形阶段 | 加速变形阶段 | 急剧变形阶段 |
|---|---|---|---|---|
| 鸡鸣寺滑坡（堆积体滑动） | 雁式裂缝 | 后缘拉张裂缝及侧边剪切裂缝出现 | 圈椅状拉裂形成，岩石摩擦响声 | 滚石、小坍塌 |
| 新滩滑坡（堆积体滑动） | 主滑区地表局部出现近南北向长大裂缝 | 雨期原地表裂缝复活，有新的扩展变形迹象 | 后缘及两侧出现羽状拉张裂缝并逐渐扩展，趋于连通 | 裂缝形成弧形拉裂圈，增宽、下沉、新裂缝不断产生 |
| 石榴树包滑坡（圆弧滑动） | — | — | 裂缝扩大，山顶裂缝加宽、加深、加长，垂直错位 | 出现新的裂缝，山鸣，山顶裂缝宽为 1 m |

| 滑坡名称<br>（滑坡类型） | 初始变形阶段 | 等速变形阶段 | 加速变形阶段 | 急剧变形阶段 |
|---|---|---|---|---|
| 泉兰山滑坡（土质滑坡） | 后部或局部出现规模不大的裂缝，裂缝月变形量小于5mm | 滑坡体后部或两侧有裂缝形成，裂缝月变形量为5~10mm | 滑坡体后部有主裂缝形成，裂缝月变形量为15~150mm | 裂缝日变形量临界值为10~15mm，临界裂缝宽度为70~126cm |
| 漫湾左岸坍滑（岩坡坍滑） | — | — | 裂缝张开速率为3~140mm/d，裂缝宽1~6cm | 裂缝宽达4~6cm，错台2cm |
| 胜利露天矿滑坡（露天矿滑坡） | — | 不同高程多处地表开裂 | 裂缝最大宽度为10~50cm，错台10~70cm | 出现新裂缝 |
| 泄流滑坡（堆积体滑动） | 滑坡体后部或局部出现规模不大的裂缝，裂缝月变形量小于100cm | 滑坡体及两侧有裂缝形成，裂缝月变形量为100~500cm | 滑坡体中后部主裂缝形成，裂缝月变形量为500~1500cm | 滑坡体日变形量大于1m，临滑宽度上部为100cm，下部为120cm |

　　一般而言，在渐进演化过程中，不同类型或成因的滑坡都具有个性明显的变形迹象或不同的诱发因素，建立一套普适性的滑坡综合信息判据标准非常困难，因而必须根据滑坡具体类型和不同的滑坡演化阶段来进行判别（黄润秋，2004）。以下从渐进式滑坡的破坏力学机制出发，结合不同类型滑坡的成因、作用因素和前人的研究成果等，针对具有一定普适性和规律性的滑坡地表裂缝定性判别方法进行研究，进一步完善和建立不同类型滑坡不同演化阶段的裂缝配套体系判据标准。以下主要从不同类型滑坡不同演化阶段的裂缝分期配套宏观特征进行论述。

### 1. 牵引式滑坡裂缝形成及宏观特征

　　（1）初始变形阶段裂缝及宏观特征（图 2.15）：牵引式滑坡的前缘潜在滑动面相对平直一些，并没有像推移式滑坡一样具有明显的阻滑段，在库水位波动或者人工开挖坡脚的情况下，滑坡前缘将形成较好的临空面条件，坡体的顶部位置将会产生拉应力集中现象，滑坡的变形是从无到有发展起来的，因此会出现向滑坡前缘临空方向的拉裂-错落变形，形成横向的弧形拉张裂缝（羽状裂缝）和下错的滑坡台坎，裂缝贯通比呈缓慢增长趋势。此阶段整体表现为前缘拉张裂缝首次出现。

　　（2）等速变形阶段裂缝及宏观特征（图 2.16）：随着前缘的变形，潜在滑动面的强度参数降低，在内外荷载的作用下，前缘滑坡体逐渐向前滑移，前缘滑坡体的裂缝形态随着变形不断扩展；前缘滑块向前滑动的同时为其后部的滑坡体提供了很好的临空滑移条件，从而在滑坡的主滑段前部产生新的变形和拉张裂缝，该过程持续进行，形成多级弧形拉张裂缝、下错台坎和多级滑块；滑坡裂缝主要是滑坡侧界裂缝及次级弧形拉张裂缝，主弧形拉张裂缝并没有产生，裂缝贯通比呈匀速增长趋势。此阶段整体表现为滑坡拉张裂缝逐渐向中部扩展；滑坡位移逐渐增大，速度时大时小，趋于等速，无明显加速。

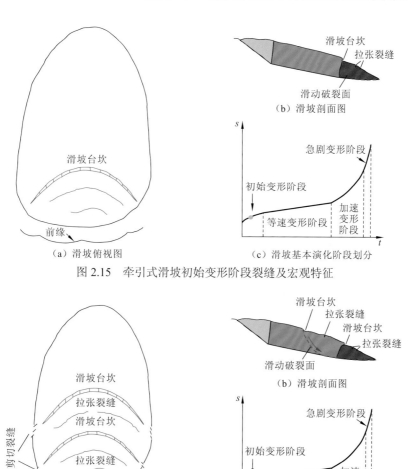

图 2.15　牵引式滑坡初始变形阶段裂缝及宏观特征

图 2.16　牵引式滑坡等速变形阶段裂缝及宏观特征

（3）加速变形阶段裂缝及宏观特征（图 2.17）：随着前缘和主滑段多级裂缝的形成，中前部的支撑减弱，滑坡主动段滑坡体的稳定性降低，进一步形成拉张裂缝和下错台坎，而在后缘滑坡体向前运动可能导致中前部滑坡体裂缝闭合或者出现新的裂缝，滑坡上缘拉张裂缝及主弧形拉张裂缝产生，裂缝贯通比呈快速增长趋势。此阶段整体表现为滑坡拉张裂缝逐渐向后缘扩展；滑坡位移快速增大，由等速逐渐转向加速。

（4）急剧变形阶段裂缝及宏观特征（图 2.18）：滑坡变形扩展到后期，由于滑坡地质结构特征和受力条件的约束，变形将停止向后发展，拉张裂缝也停止扩展，滑坡的周界基本形成，潜在滑动面全部贯通，在前期形成的各个变形体呈叠瓦状向前滑移，滑坡地表裂缝基本圈闭，滑坡整体将发生滑移失稳破坏。此阶段整体表现为滑坡裂缝圈闭；滑坡位移与速度剧增，持续高速增长，不再出现明显下降趋势，呈现剧烈加速现象。

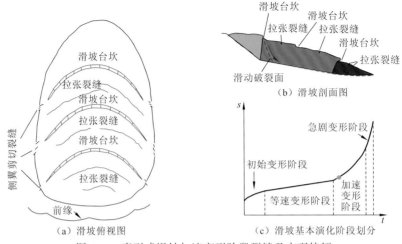

图 2.17　牵引式滑坡加速变形阶段裂缝及宏观特征

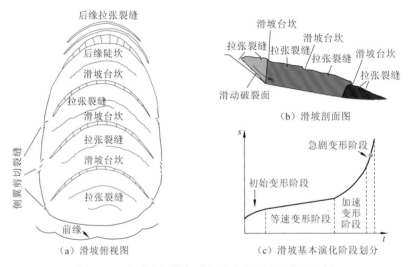

图 2.18　牵引式滑坡急剧变形阶段裂缝及宏观特征

## 2. 推移式滑坡裂缝形成及宏观特征

（1）初始变形阶段裂缝及宏观特征（图 2.19）：滑坡滑带前缓后陡的特征，促使滑坡变形的"力源"来自滑坡后缘，使推移式滑坡的滑动起始于坡体后缘，滑坡变形演化初期，主动段坡体在较大内外荷载作用下，后缘首先拉裂、滑移并产生拉张裂缝；随着主动段变形的不断发展，后部拉张裂缝的整体数量增多，横向长度不断增长，逐步连接形成滑坡后缘的弧形拉张裂缝；另外，由于拉张裂缝的发展，下坐变形也同步进行并形成下错台坎；滑坡后缘坡体变形不断向坡体中部扩展，推挤中部主滑段滑坡体。此阶段整体表现为后缘拉张裂缝形成。

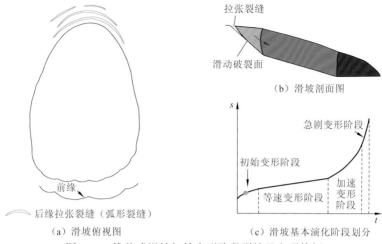

图 2.19　推移式滑坡初始变形阶段裂缝及宏观特征

（2）等速变形阶段裂缝及宏观特征（图 2.20）：在滑坡后缘，滑坡体在外动力作用下持续下滑，变形向中部主滑段坡体渐进扩展，中部主滑段坡体被动向前滑移，随着滑带物理力学强度参数的逐渐降低，潜在滑动面逐渐向下扩展，而受边界效应的影响，滑坡主滑段两侧边界接触带将产生剪应力和张扭应力集中，一般会形成滑坡体两侧同步对称的雁列状侧翼剪切裂缝，侧翼剪切裂缝的发展不断向前扩展、延伸，直至坡体前部。此阶段整体表现为侧翼剪切裂缝形成；滑坡位移逐渐增大，速度时大时小，趋于等速，无明显加速。

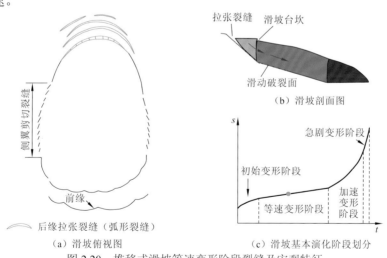

图 2.20　推移式滑坡等速变形阶段裂缝及宏观特征

（3）加速变形阶段裂缝及宏观特征（图 2.21）：滑坡坡体中、上部下沉并向前移动，下部受挤压而抬升、变松；后缘主拉张裂缝贯通、加宽、外侧下错，并向两侧延长；滑坡两侧中、上部有羽状裂缝出现并变宽，两侧剪切裂缝向抗滑段延伸；前缘地面有局部隆起，先出现平行滑动方向的放射状裂缝再出现垂直滑动方向的鼓胀裂缝，时有坍塌，泉水增多，位移快速增大，由等速逐渐转向加速。

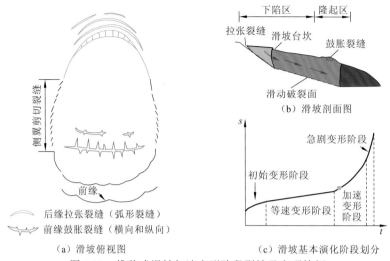

图 2.21 推移式滑坡加速变形阶段裂缝及宏观特征

（4）急剧变形阶段裂缝及宏观特征（图 2.22）：随着主动段和主滑段的潜在滑动面逐渐贯通，并向阻滑段滑移，鼓胀裂缝逐渐向前缘发展，滑体下滑力不断增大，滑体前缘舌部顺坡方向产生压应力集中，挤压滑坡前缘坡体向两侧扩散，形成扇形排列的压性裂缝，随后裂缝的形态圈闭，滑坡的滑带整体贯通，滑坡即将发生整体失稳破坏。此阶段整体表现为前缘鼓胀裂缝持续形成并且裂缝的形态圈闭；滑坡位移与速度剧增，持续高速增长，不再出现明显下降趋势，呈现剧烈加速现象。

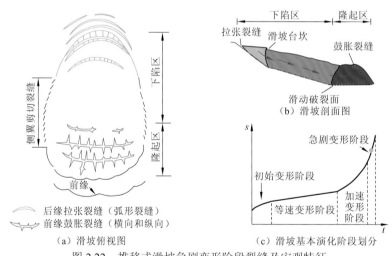

图 2.22 推移式滑坡急剧变形阶段裂缝及宏观特征

## 3. 复合式滑坡裂缝形成及宏观特征

上述推移式滑坡和牵引式滑坡的裂缝形成及宏观特征论述表明，牵引式滑坡一般是前缘首先产生变形，拉张裂缝生成次序是多级逐渐向后发展，而推移式滑坡因不平衡剪应力集中于后缘而首先产生拉张裂缝，并相继出现侧翼剪切裂缝、前部鼓胀裂缝及前缘压性裂缝。这些研究是在严格界定的两种滑坡类型的基础上进行的，侧重说明滑坡不同演化阶段的裂缝宏观变化规律，而在实际的滑坡变形过程中，滑坡的变形机制和演化过程相当复杂，个性特征明显，滑坡（特别是水库滑坡）在外界因素（库水位和降雨等）影响下往往存在时空上的转换。例如，牵引式滑坡受后缘的加载和降雨等影响而形成前牵引后推移的变形过程，推移式滑坡受前缘库水位波动、坡脚开挖等影响而形成后推移前牵引的变形过程，最终都将形成更为复杂的复合式变形演化状态。大量的滑坡变形调查和监测表明，滑坡的裂缝发育不仅受控于滑坡的工程地质条件和潜在的变形破坏模式，还受到内外因素的影响，因此，在这些复杂因素的作用下，滑坡裂缝形成及宏观特征将呈现怎样的表现形式？以下对在复杂因素作用下存在时空上转换情况的不同类型滑坡进行复合式滑坡裂缝形成及宏观特征描述（图 2.23）。

（1）初始变形阶段裂缝及宏观特征：此变形阶段可以分两个方面进行阐述。一方面是牵引式滑坡受后缘的加载和降雨等影响而形成前牵引后推移的变形过程，起初在库水位波动或者人工开挖坡脚的情况下，滑坡前缘将形成较好的临空面条件，坡体的顶部位置将会产生拉应力集中现象，因此出现向滑坡前缘临空方向的拉裂-错落变形，形成横向的弧形拉张裂缝和下错台坎。另一方面是推移式滑坡受前缘库水位波动、坡脚开挖等影响而形成后推移前牵引的变形过程，后缘首先拉裂、滑移并产生拉张裂缝；随着主动段变形的不断发展，后部拉张裂缝的整体数量增多，横向长度不断增长，逐步连接形成滑坡后缘的弧形拉张裂缝并形成下错台坎。此阶段整体表现为后缘拉张裂缝形成或者前缘拉张裂缝首次出现。

（2）等速变形阶段裂缝及宏观特征：滑坡中后部两侧边界接触带将产生剪应力和张扭应力集中，一般会形成滑坡体两侧同步对称的雁列状侧翼剪切裂缝，侧翼剪切裂缝的发展不断向前扩展、延伸；同时，前缘滑块向前滑动的同时为其后部的滑坡体提供了很好的临空滑移条件，从而在滑坡的主滑段前部产生新的变形和拉张裂缝，该过程持续进行，形成多级弧形拉裂缝、下错台坎和多级滑块。此阶段整体表现为滑坡拉张裂缝逐渐向中部扩展和侧翼剪切裂缝形成；滑坡位移逐渐增大，速度时大时小，趋于等速，无明显加速。

（3）加速变形阶段裂缝及宏观特征：滑坡中前部多级裂缝的形成，使拉张裂缝和下错台坎进一步形成，而滑坡中后部位地表拉张应力集中，坡体形态上产生放射状鼓胀裂缝，滑坡前后潜在的滑带很可能处于压剪状态而导致岩土体的抗剪强度增高，潜在滑动面由前后向中间扩展，拉张裂缝、剪切裂缝、鼓胀裂缝等数量逐渐增多。此阶段整体表现为中后部鼓胀裂缝形成和拉张裂缝逐渐向后缘扩展；滑坡位移快速增大，由等速逐渐转向加速。

（4）急剧变形阶段裂缝及宏观特征：随着滑坡"前拉后推"的变形发展，中后部滑坡体向前变形形成的扇形排列的压性裂缝和中前部滑坡体向后变形形成的拉张裂缝相遇，随后滑坡地表裂缝基本圈闭，滑带整体贯通，滑坡整体将发生滑移失稳破坏。此阶段整体表现为滑坡裂缝圈闭；滑坡位移与速度剧增，持续高速增长，不再出现明显下降趋势，呈现剧烈加速现象。

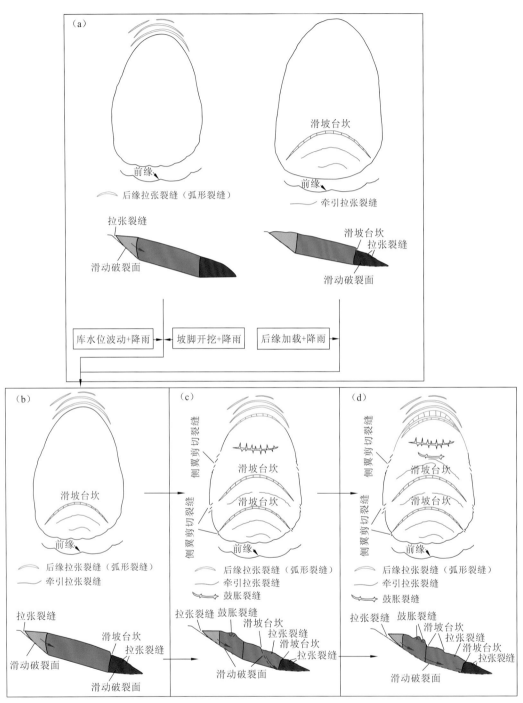

图 2.23　复合式滑坡不同演化阶段裂缝空间发展特征

（a）初始变形阶段裂缝及宏观特征；（b）等速变形阶段裂缝及宏观特征；（c）加速变形阶段裂缝及宏观特征；
（d）急剧变形阶段裂缝及宏观特征

# 2.4　水库滑坡稳定性主要控制因素

## 2.4.1　典型水库滑坡变形响应的定性讨论

选取的典型的水库滑坡为朱家店滑坡，滑坡变形明显受到库水位波动和降雨的影响，表现出渐进演化特征。当前对于滑坡变形过程稳定性主要控制因素的研究主要是对滑坡整体变形而非渐进演化过程的主要控制因素研究。而且，现有的研究主要聚焦在库水位波动和降雨对滑坡整体稳定性的影响，但随着研究的不断深入发现，大部分滑坡的变形都是一个渐进演化的过程，而在这个过程中影响因素所起的作用很可能是动态变化的。因此，依据水库滑坡地质结构特征及变形特征，研究水库滑坡宏观变形规律，从定量和定性相结合的角度确定滑坡变形过程中的稳定性主要控制因素。

### 1. 水库滑坡工程地质条件

#### 1）滑坡概况

朱家店滑坡位于长江与其支流东瀼河交汇地带，该滑坡南临长江，西距东瀼河1000 m（图2.24）。东瀼河源于溪丘湾甘坪东北部罐子口，汇6条小溪至两河口止（长约8 km），称板桥河；向南延伸至柚子树大桥长约7 km，称店子河；再向南延伸2 km注入长江，称东瀼溪。东瀼河全长17 km，河床均宽20 m，流速0.4 m/s，多年平均径流量$1.18 \times 10^9 \, \text{m}^3$，流域面积65 km²。滑坡区及其周边地表冲沟较发育（滑坡区两侧边界均为冲沟），为该区主要排水通道，雨季短期洪水汇聚，晴天多干涸（Tan et al.，2018）。

图 2.24　朱家店滑坡地理位置图

#### 2）地形地貌

巴东属鄂西中高山地貌单元，区内山高坡陡，长江及其支流深切，巴东城区一带地处长江三峡中下游段，是三峡地区较宽的河段，山地高程700～1100 m，相对高差600～800 m。长江在巴东县城段纵向交切官渡口向斜，流向自80°转为140°，呈现向北突出的弧形。朱家店滑坡地处长江北岸，地势总体北西高南东低，向长江倾斜，该滑坡区内自然坡度为 25°～40°。朱家店滑坡后缘高程 340m，前缘部分滑体已被水淹没。滑坡纵长 423m，横宽 65～125m，平均厚度 25m，总面积 $4.02\times10^4m^2$，总体积 $100.4\times10^4m^3$。滑坡平面形态呈长条形，总体坡向 215°，剖面形态呈凹形，地形较陡。滑坡后缘壁呈一陡坡状地形，如图 2.25 所示。

图 2.25　朱家店滑坡全貌图

### 3）地层岩性

朱家店滑坡为土质滑坡，滑坡体的第四系覆盖物的厚度较厚，两侧以冲沟为界，滑坡主剖面形态呈现凸形（图 2.26）。滑坡的滑体上层物质主要为崩坡积土，灰黄色，粉质黏土夹碎块石，碎块石的成分取决于母岩的成分，分选性差，结构松散，厚度一般为 5～10m；滑坡边界处厚度较小，为 0.1～1m，碎块石成分主要为石英砂岩、泥质粉砂岩，块径一般为 0.2～2.0m。滑体下层物质主要为残坡积土，成分与母岩相关，紫红色，粉质黏土夹碎块石，结构松散，厚度一般为 10～15m，碎块石成分主要为泥质粉砂岩，块径一般为 0.1～0.5m，个别大于 0.5m，滑坡西侧边界探槽中上、下土层分界线见图 2.27。滑带主要为含砾粉质黏土，紫红色，湿，稍密，可塑-硬塑，黏土为主，含少量圆砾，粒径小于 1cm，呈次棱角状或浑圆状，成分为石英砂岩、泥质砂岩，土石比为 9∶1。滑床为巴东组四段（$T_2b^4$）紫红色泥质粉砂岩，薄-中厚至厚层构造，为单斜岩层，产状为 20°∠16°，为软质岩，易风化，遇水易软化，滑坡西侧边界基岩与堆积层分界面见图 2.28。

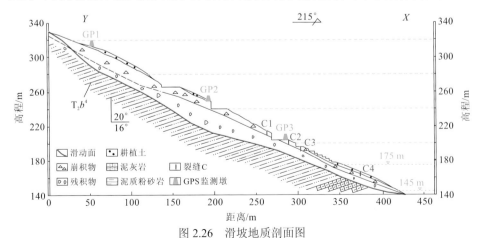

图 2.26　滑坡地质剖面图

图 2.27　滑坡西侧边界探槽中上、下土层分界线

图 2.28　滑坡西侧边界基岩与堆积层分界面

**4）地质构造**

巴东在大地构造上属上扬子台褶带八面山弧形褶皱带的东北端，其中官渡口向斜是八面山弧形褶皱带北端的一个次级褶皱。官渡口向斜轴向总体近东西向，组成地层有三叠系和侏罗系，两翼对称，为轴面近直立的复式向斜。该向斜核部在巴东新城区，自西向东经张家沱、狮子包、红石包、雷家坪等地。

滑坡位于官渡口向斜北翼，局部伴次生小背斜，组成地层为巴东组第三段（$T_2b^3$）和第四段（$T_2b^4$）。受构造作用影响，滑坡周边地区基岩中节理较发育，按优势节理方向可分为两组：①55°～65°∠31°～65°，长 1～3 m，间距 0.3～1 m，平直光滑，微张；②35°∠77°，长 0.5～1 m，间距 0.1～0.3 m，密集发育，平直粗糙，微张。

**5）水文地质条件**

朱家店滑坡位于长江与东瀼河交汇处北偏西，与两条河流的距离均为 500 m，地表水系较为发育，长江与东瀼溪是该区最低排泄基准面。滑坡区及其周边地表冲沟较发育（滑坡区两侧边界均为冲沟），为本区主要排水通道，雨季短期洪水汇聚，晴天多干涸。

滑坡区内地下水主要为碎屑岩类裂隙水和第四系松散岩类孔隙水。前者受构造作用、风化作用影响明显，透水性空间分布不均匀，呈脉状、囊状产出，水量小。后者为区内主要地下水类型，以上层滞水或潜水形式赋存，第四系松散堆积层结构较松散，透水性受控于颗粒组成。本区地下水主要接受大气降水入渗补给，通过孔隙、裂隙补给裂隙水，顺坡向由北西向南东径流，局部于斜坡表面、冲沟中上游两岸、人工开挖的边坡陡坎（公路、建筑民房等）处出露，最终排泄于东瀼河和长江，地下水位随季节变化明显。

## 2. 滑坡变形演化特征

**1）滑坡监测系统布置**

朱家店滑坡自三峡库区蓄水以来持续发生变形，并被纳入三峡库区后续地质灾害防治工程的治理项目。为了监测滑坡的变形行为，在滑坡上建立了更为全面的现场监测工程（图 2.29），监测工程主要由三部分组成：第一部分为 GPS 表面位移监测，分别在滑坡主剖面高程318 m、252 m、196 m 处布置编号为 GP1、GP2、GP3 的 GPS 监测墩，并在滑坡外稳定坡体上布置编号为 GP4、GP5 的两个控制性监测墩，以全面监测滑坡表面位移；

第二部分为裂缝变形监测，四个测点分别布设在滑坡体中前部居民房前（高程 210 m）产生的两条地表拉张裂缝位置；第三部分为深部位移监测孔，滑坡主剖面线上布设有 3 个测斜孔，Jc1 位于滑坡后缘，孔口高程 318.18 m，Jc2 位于滑坡中部，孔口高程 251.96 m，Jc3 位于滑坡前缘，孔口高程 195.68 m。通过多种变形观测方法，全面掌握滑坡变形情况。

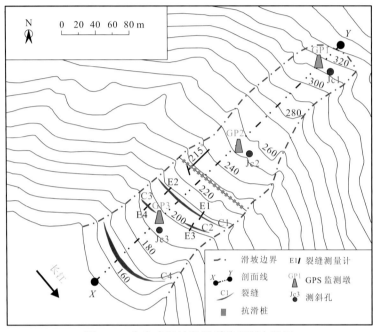

图 2.29　朱家店滑坡监测系统平面布置图

**2）滑坡宏观裂缝发育特征**

　　滑坡裂缝发育部位主要分布于滑坡中前部高程为 170～210 m 一带，致使滑坡在库水位波动和降雨的影响下，由前向后逐步产生变形，在宏观上表现为裂缝的分阶段出现，裂缝的走向与长江走向几乎平行，与滑坡的主滑方向基本垂直。通过野外地质勘探与调查，滑坡区内发育四条较为明显的裂缝：裂缝 C1 首先产生的时间为 2010 年 6 月，高程大约 208 m，裂缝总体走向为 45°，此裂缝最初的延展长约 7 m，缝宽 5～10 mm，对裂缝进行跟踪监测发现，截至 2015 年 6 月，裂缝 C1 的延展长约 160 m，缝宽 5～12 cm，最大的下错位移为 0.2 m[图 2.30（a）]；裂缝 C2 首先产生的时间与 C1 出现的时间接近，高程大约 202 m，裂缝总体走向为 45°，延展长约 42 m，缝宽 7～11 cm，最大的下错位移为 0.25 m[图 2.30（b）]；裂缝 C3 首先产生的时间为 2010 年 5 月，高程大约 195 m，裂缝总体走向为 40°，延展长约 40 m，缝宽 5～8 cm，可见深度约 700 mm，下错位移差 70 mm，错动较大使得监测墩发生严重倾斜，无法准确测量地表位移数据[图 2.30（c）]；裂缝 C4 首先产生的时间为 2009 年 5 月，高程大约 170 m，裂缝总体走向为 42°，延展长约 170 m，下错为 0.5 m 左右，已横向贯通滑坡东西两侧，由于 C4 在高水位以下，很难通过仪器来监测裂缝的变化情况[图 2.30（d）]。

（a）C1　　　　　　　　　　　　　（b）C2

（c）C3　　　　　　　　　　　　　（d）C4

图 2.30　滑坡不同位置处裂缝发育状态

　　为了定量获取裂缝宽度的变化，在 C1、C2、C3 裂缝处布置了四个裂缝监测点，编号为 E1、E2、E3、E4，布设位置如图 2.29 所示。图 2.31 是 2011 年 4 月 1 日～2012 年 12 月 12 日不同裂缝在降雨和库水位作用下宽度的监测结果，从图中可以看出，在每年 6 月左右的时间段裂缝宽度突然增大，其间伴随着库水位快速下降和强降雨，多次造成前部变形加剧。

　　依据不同位置的裂缝发育宏观特征，朱家店滑坡变形呈现出显著的时间和空间上的差异，前缘裂缝出现时间较中部裂缝早将近 1 年时间，可以确定滑坡的变形始于滑坡前部，随后变形向滑坡中后部逐步发展，最终形成整体滑坡。滑坡裂缝的发育特征和过程证明，朱家店滑坡为典型的牵引式滑坡。

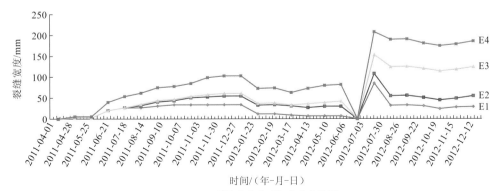

（a）裂缝宽度随时间变化曲线图

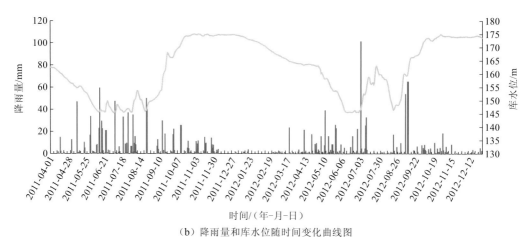

（b）降雨量和库水位随时间变化曲线图

图 2.31　不同裂缝在降雨和库水位作用下裂缝宽度变化曲线

**3）滑坡位移演化特征**

（1）滑坡深部位移演化特征。朱家店滑坡主剖面线上布设有三个测斜孔，Jc3 测斜孔严重变形，于 2009 年 6 月停测；Jc1 和 Jc2 由于在 2012 年之前变形较小，数据列过大，集中分析 2012 年之后滑坡深部的位移演化特征（图 2.32）：①Jc1 测斜孔位于滑坡后缘，其深部位移数据显示在孔深 20 m 左右处出现位移突变带，变形出现依次增快的过程，2015 年位移在 4 月、5 月、6 月三个月变形较以往明显，累计位移达到 15 mm 左右；根据三峡库水位调度情况及降雨量监测，这种现象是由这三个月在库水位下降期，并且降雨量明显增多所致。②Jc2 测斜孔位于滑坡中部，其深部位移数据显示在孔深 32 m 左右处出现位移突变带，变形出现依次增快的过程，2015 年位移在 4 月、5 月、6 月三个月变形较以往明显，滑体较大位移处累计达到 25 mm 左右，同样，这种现象是由这三个月在库水位下降期，并且降雨量明显增多所致。③Jc3 测斜孔位于滑坡前缘，其深部位移数据显示在孔深 7 m 处出现位移突变带，分析认为其是浅表变形；2009 年 5 月以前各月监测正常，同年 6 月 9 日监测时在孔深 5.5 m 处测斜探头不能下放，分析认为浅表土层滑动变形破坏，后被迫停测；前缘变形发生时间较早，变形速率较快。通过三个测斜孔对滑坡前中后深部位移进行监测，分析认为，滑坡的变形始于前缘，滑坡中部及后缘一开始无明显位移变形，随着前缘的变形，变形依次向后、向上发展，特别是在库水位下降期及降雨量明显增多时期，出现较为明显的变形。

（2）滑坡表面位移演化特征。为了充分呈现滑坡变形演化过程，分析滑坡在三峡库区水位波动及降雨作用下的变形规律，本章选取 GPS 监测滑坡 2007 年 6 月～2015 年 6 月的表面位移数据并展开分析。图 2.33 为滑坡前中后 GPS 监测点位移与库水位和降雨量的关系曲线。

通过分析发现，滑坡表面位移演化呈现不同的特点：滑坡表面位移变化速率呈现出快、慢交替的阶跃性变化特征。2007～2011 年 GP1、GP2、GP3 三个监测点的水平累计位移量分别为 4.7 mm、5.6 mm、527.9 mm；在 2011 年内，GP1 监测点水平位移为 4.6 mm，GP2 监测点水平位移为 3.3 mm，GP3 监测点水平位移为 261.1 mm；前缘 GP3 监测点前

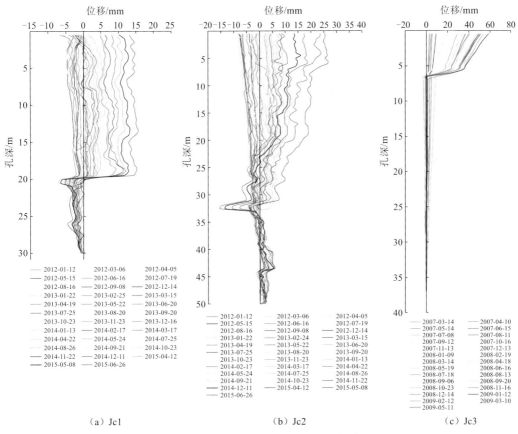

（a）Jc1　　　　　　　　　（b）Jc2　　　　　　　　　（c）Jc3

图 2.32　滑坡深部位移-孔深-时间曲线

期位移最明显，在 2009 年 6 月变形曾加剧，当月位移量达到 144.9mm，在 2011 年 1～12 月平均位移速率为 21.76mm/月，其中 2011 年 6 月受强降雨和库水位下降影响的位移量达 222.4mm。2007～2011 年 GP3 月平均位移速率为 9.10mm/月，与之相对应的地表裂缝 L3 监测点此时间段产生位移 36mm，其中 6 月位移量达 17mm，与 GP3 监测点的位移变化情况相吻合。监测截止到 2015 年 6 月，三个监测点（GP1、GP2、GP3）的水平累计位移量分别为 37.1mm、32.9mm、2033.6mm。总体上看，滑坡在 2015 年变形最明显，特别是 GP3 在 1～6 月平均位移速率为 21.76mm/月，其中 2015 年 6 月的位移量达 223.8mm，位移方向（225°）与主滑方向（215°）基本一致，此后该监测墩监测所得数据由于变形太大而失效（图 2.34）；而 GP2 和 GP1 监测点位移依次产生，特别在 2015 年 4 月、5 月、6 月滑坡后缘（GP1）与中部（GP2）两监测点累计位移量分别为 7.1mm、14.8mm，变形较快，说明前缘关键阻滑段的支撑力减弱，库水位下降及降雨作用对稳定性影响较大。综上，滑坡前缘首先变形且变形较大，而滑坡中后部变形量较小且随时间逐渐变大，进一步验证了滑坡变形为前部首先启动的牵引式变形破坏模式。

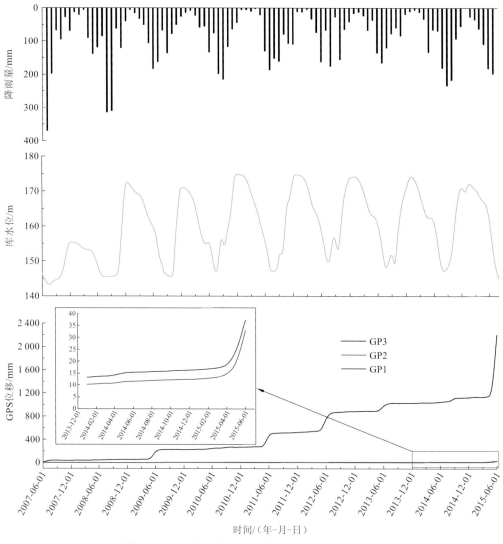

图 2.33　GPS 监测点位移与库水位和降雨量关系图

（a）2013年GP3变形情况

（b）2015年GP3变形情况

图 2.34　GP3 监测墩倾斜变形对比图

## 2.4.2　滑坡变形响应的定量分析方法

上述内容对朱家店滑坡宏观裂缝发育特征及位移演化特征进行了分析，开展了滑坡变形与库水位波动、降雨强度的关系的定性讨论。通过野外的勘查并结合监测数据，进行了朱家店滑坡的变形过程分析，确定了滑坡的变形破坏模式为牵引式变形破坏模式。由于滑坡的变形存在不协调即分期变形现象，从不同位置的变形过程来研究其变形的内在机制，从而把握滑坡不同位置变形的控制因素。本小节将结合上述定性分析，利用灰色关联度模型定量分析滑坡不同位置变形与作用因素之间的响应关系，进一步从定量的角度把握滑坡变形的稳定性主要控制因素。

灰色关联度模型最早是由 Deng（1982）提出的，关联度是两个事物间的关联程度的描述，灰色关联度法是一种多因素统计学方法，该方法在众多领域被广泛应用。例如，Jiang 等（2016）运用灰色关联度法分析、确定了滑坡周期性变形、水位和降雨之间的相关性；Wei 等（2017）运用灰色关联度法研究了影响径流的降雨主要特征规律；除此之外，灰色关联度法在工程设计、医学研究、船舶船体垂直振动预测、农业等领域均得到了很好的运用（Kondapalli et al.，2015；Yilmaz，2015；Sylviana et al.，2015）。

在本章的研究当中，灰色关联度模型的数学实施过程主要分为如下五个步骤。

（1）确定模型计算的关联数列。本章根据以上定性分析确定参考数列 $X_0$ 为滑坡位移速率，分别定义比较数列 $X_1$、$X_2$、$X_3$、$X_4$ 为月降雨强度、库水位月下降速率、库水位月上升速率、降雨强度和库水波动速率耦合因子，组成的关联数列为 $\boldsymbol{X}=[X_0, X_1, X_2, X_3, X_4]$，其矩阵表示如下。

子序列 $\boldsymbol{A}$：

$$\boldsymbol{A} = \begin{bmatrix} A_1 \\ A_2 \\ \vdots \\ A_\mu \end{bmatrix} = \begin{bmatrix} a_{11} & a_{12} & \cdots & a_{1\lambda} \\ a_{21} & a_{22} & \cdots & a_{2\lambda} \\ \vdots & \vdots & & \vdots \\ a_{\mu 1} & a_{\mu 2} & \cdots & a_{\mu\lambda} \end{bmatrix} \tag{2.1}$$

参考序列 $\boldsymbol{B}$：

$$\boldsymbol{B} = \begin{bmatrix} B_1 \\ B_2 \\ \vdots \\ B_\mu \end{bmatrix} = \begin{bmatrix} b_{11} & b_{12} & \cdots & b_{1\lambda} \\ b_{21} & b_{22} & \cdots & b_{2\lambda} \\ \vdots & \vdots & & \vdots \\ b_{\mu 1} & b_{\mu 2} & \cdots & b_{\mu\lambda} \end{bmatrix} \tag{2.2}$$

（2）数列的无量纲化处理。对数列 $\boldsymbol{X}$ 进行均值化处理，使其极性一致、无量纲。运用如下均值化公式对数据作极值和均值化处理：

$$X_i(k)' = X_i(k) \Big/ \frac{1}{\lambda} \sum_{k=0}^{\lambda} X_i(k) \tag{2.3}$$

式中：$i=0, 1, \cdots, \mu$，$\mu$ 为影响因素的数量；$k=0, 1, \cdots, \lambda$，$\lambda$ 为数据点的数量。

（3）计算子序列和参考序列之间的关联系数。针对滑坡位移速率数列 $X_0$ 有四个比较数列 $X_1$、$X_2$、$X_3$、$X_4$，各子数列与参考数列在不同时刻的关联系数 $\xi_{ij}$ 可由式（2.4）计算得到：

$$\xi(x_0(k)', x_i(k)') = \frac{\min\limits_i \min\limits_k |[x_i(k)' - x_0(k)']| + \rho \max\limits_i \max\limits_k |[x_i(k)' - x_0(k)']|}{|[x_i(k)' - x_0(k)']| + \rho \max\limits_i \max\limits_k |[x_i(k)' - x_0(k)']|} \tag{2.4}$$

式中：$\rho$ 为分辨系数，一般情况取值为 0.5。

（4）确定关联度。为了对比较数列与参考数列的关联程度进行整体性比较，就有必要将各个时刻的关联系数用单一数值来表达，关联度 $r(x_0, x_i)$ 公式如下：

$$r(x_0, x_i) = \frac{1}{\lambda} \sum_{k=1}^{\lambda} \xi[x_0(k)', x_i(k)'] \tag{2.5}$$

（5）关联度排序。关联度代表了一种对主序列和子序列之间的相关性的数值测量，两个序列相关程度越高，关联度的值就越接近于 1.0，当 $r(x_0, x_i) > r(x_0, x_j)$ 时，则定义为 $\{x_i\} > \{x_j\}$。

## 2.4.3　滑坡不同变形阶段稳定性主要控制因素分析过程

采用灰色关联度模型，对滑坡不同变形阶段的主要控制因素进行研究，分析流程参照图 2.35，详细的分析过程如下。

（1）水库滑坡的类型确定。前人研究表明，库水位上升和库水位下降对水库滑坡的变形行为存在不同的影响（赵代鹏 等，2013）。有些滑坡在库水位上升阶段触发并加速了滑坡的变形，而有的滑坡受库水位下降作用影响明显并加速了滑坡的变形，也即在 2.1 节滑坡分类中提到的库水位上升型滑坡和库水位下降型滑坡。为了确定库水位上升和库水位下降对朱家店滑坡的影响，对水库波动期间的监测资料进行了对比分析（图 2.33）。结果表明，在库水位上升过程中，滑坡的前部几乎没有发生变形；相反，库水位下降会加速滑坡前部的变形，这就说明朱家店滑坡是水库泄水型滑坡。

（2）数据处理。2007 年 3 月～2015 年 6 月，获取了长达八年多的滑坡地表位移监测数据。为了更好地反映库水位波动和降雨引起的动态循环荷载对滑坡变形的影响，将整个监测周期划分为八个周期（即从 6 月到次年 6 月）。周期划分如图 2.36 所示。

此外，滑坡位移监测周期基本是一个月，而降雨和库水位为每天监测。由于监测频率不同，原始数据按月周期进行预处理。在本章研究中，GP1、GP2、GP3 每月的位移增量、月降雨强度、库水位月波动速率、月降雨强度和库水位月波动速率耦合因子用于灰色关联度模型计算。同时，由于朱家店滑坡是水库泄水型滑坡，库水位月上升速率简化为零。对滑坡不同位置累计位移、位移速率与水文变量之间的关系进行数据处理，结果如图 2.37～图 2.39 所示。在整个监测阶段，年平均降雨量大约在 1 000 mm，而且降雨

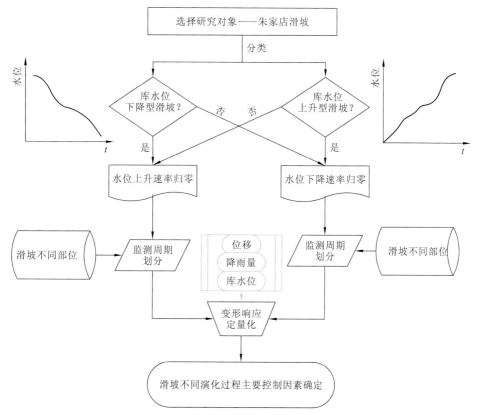

图 2.35　滑坡不同位置不同变形阶段稳定性主要控制因素分析流程

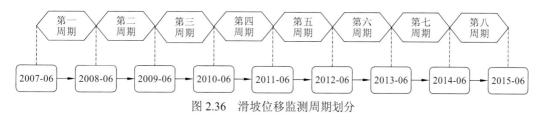

图 2.36　滑坡位移监测周期划分

主要集中在每年的 4~9 月；在 2007 年的年降雨量最大，为 1318.5mm，月平均降雨量为 367.9mm。三峡水库蓄水后，2003 年 6 月水位上升到 135m，2007 年 6 月水位上升到 156m，在 2008 年汛末蓄水进一步增加，到 2008 年底最高水位达到 172.8m，2009 年底达到 171.4m，2010 年 10 月水库水位首次达到最高设计值 175m。从此，库水位一直在 145~175m 波动。滑坡在降雨和库水位波动影响下，不同部位呈现不同的变形特征。

自 2007 年 3 月监测以来，滑坡前部变形呈现阶跃式增长；在变形初期，滑坡前部变形与库水位下降具有较强的相关关系，当库水位下降时，滑坡前部位移（速率）增大，其他时间段位移相对趋于平稳，这就说明在变形初期滑坡前部主要受库水位作用影响，因为库水位下降导致坡体内地下水位的水力梯度和动水压力明显增大，外加滑坡前部滑带大部分处于地下水位以下而被软化，促使坡体稳定性急剧下降；随着变形的发展，滑坡前部初期的变形导致裂缝的产生，这为降雨产生地表水提供了下渗到坡体的通道，导

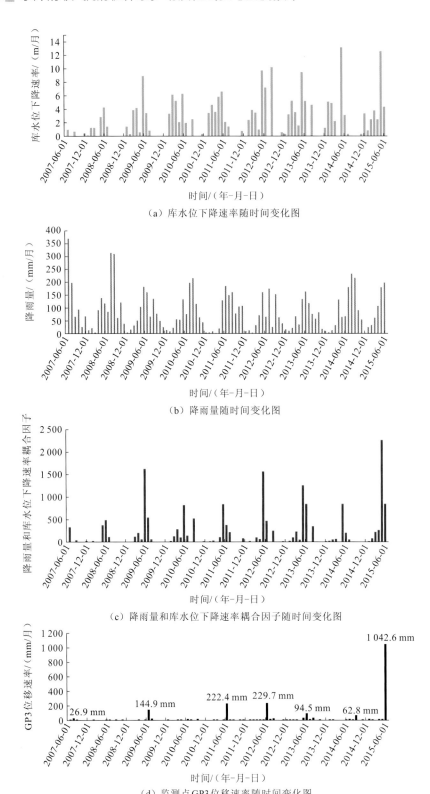

（a）库水位下降速率随时间变化图

（b）降雨量随时间变化图

（c）降雨量和库水位下降速率耦合因子随时间变化图

（d）监测点GP3位移速率随时间变化图

图 2.37　滑坡前部位移速率–库水位–降雨量–耦合因子–时间关系图

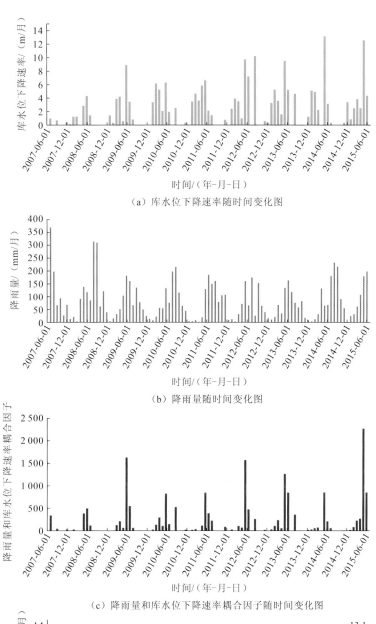

（a）库水位下降速率随时间变化图

（b）降雨量随时间变化图

（c）降雨量和库水位下降速率耦合因子随时间变化图

（d）监测点GP2位移速率随时间变化图

图 2.38　滑坡中部位移速率-库水位-降雨量-耦合因子-时间关系图

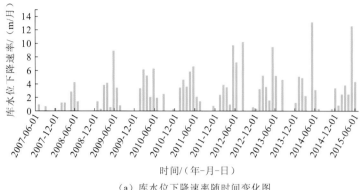

（a）库水位下降速率随时间变化图

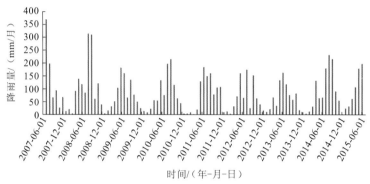

（b）降雨量随时间变化图

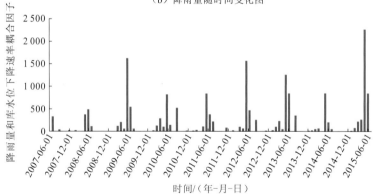

（c）降雨量和库水位下降速率耦合因子随时间变化图

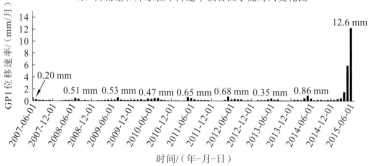

（d）监测点GP1位移速率随时间变化图

图2.39　滑坡后部位移速率−库水位−降雨量−耦合因子−时间关系图

致坡体自重增加，孔隙渗透压力形成，滑带被软化（力学参数降低）；此变形阶段，滑坡前部变形逐渐由主要受库水位作用影响转化为主要受库水位和降雨联合作用影响；此后，滑坡前部变形主要受库水位和降雨联合作用影响，在 2015 年 4～6 月的持续降雨及库水位下降作用下，滑坡前部的位移和位移速率急剧增加，充分说明了滑坡前部受此变形阶段这两个因素的联合作用影响，同时也减弱了对滑坡中后部滑体的支撑力，促进了滑坡中后部滑体的变形。

滑坡中部变形初期，在没有受到滑坡前部变形影响的情况下，滑坡中部的变形在前期主要受到降雨的影响，滑坡的变形与大气降雨之间具有明显的相关关系，处于每年的降雨集中时期，出现的时间与滑坡位移值陡增期一致，充分说明降雨是主要影响因素，并且发生较小变形，处于缓慢变形状态；随着变形的发展，滑坡前部发生较大变形时也是库水位下降时期，滑坡中部的关键阻滑段逐渐缺失而失去支撑，位移增大，说明滑坡中部间接受到库水位的影响，当遇到降雨时，滑坡中部将进一步扩大变形；此变形阶段，滑坡中部变形逐渐由主要受降雨作用影响转化为主要受库水位和降雨联合作用影响，由下至上逐步产生变形。

滑坡后部变形初期，其变形在前期主要受到降雨的影响，滑坡的变形与大气降雨之间具有明显的相关关系，处于每年的降雨集中时期，出现的时间与滑坡位移值陡增期一致，也充分说明降雨是主要影响因素，并且发生较小变形，处于缓慢变形状态；随着变形的发展，由于牵引式滑坡具有渐进式破坏特征，在滑坡中前部逐步变形情况下，整个滑坡由下至上逐步发生变形；其与中部变形激励因素一样，逐渐由主要受降雨作用影响转化为主要受库水位和降雨联合作用影响；滑坡由下至上逐步发生变形，滑带由前部至后部逐渐贯通，在遇库水位下降和强降雨作用时，滑坡将有可能产生整体滑动。

（3）滑坡变形响应定量化。通过灰色关联度模型计算滑坡变形与库水位和降雨响应的定量关系，得到滑坡不同位置在不同监测周期内的响应规律如图 2.40～图 2.42 所示。

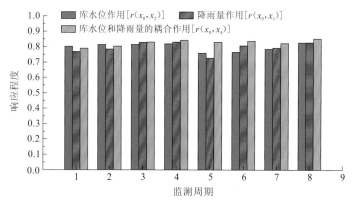

图 2.40　滑坡前部变形与库水位和降雨量之间定量响应关系

由图 2.40～图 2.42 可以看出，朱家店滑坡的变形与库水位下降和降雨密切相关。关联度数值越大，滑坡与影响因素的响应程度就越高。结果表明，前两个周期滑坡前部变形的影响因子的重要性排序依次为库水位下降、降雨量与库水位下降的耦合作用、降雨

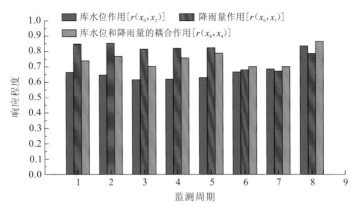

图 2.41　滑坡中部变形与库水位和降雨量之间定量响应关系

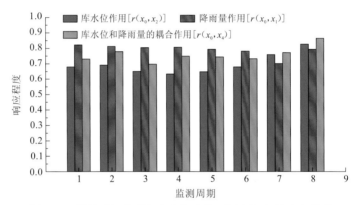

图 2.42　滑坡后部变形与库水位和降雨量之间定量响应关系

量，即 $r(x_0, x_2) > r(x_0, x_4) > r(x_0, x_1)$。第二个周期后，滑坡前部变形的影响因素的重要性顺序为降雨量与库水位下降的耦合作用、降雨量、库水位下降，即 $r(x_0, x_4) > r(x_0, x_1) > r(x_0, x_2)$。然而，在滑坡中部变形影响因素分析中，在前五个周期中滑坡中部变形的影响因素的重要性依次是降雨量、降雨量与库水位下降的耦合作用、库水位下降，即 $r(x_0, x_1) > r(x_0, x_4) > r(x_0, x_2)$；第五个周期后，滑坡中部变形最重要的因素是降雨量与库水位下降的耦合作用，即 $r(x_0, x_4)$ 值最大个。相似地，在滑坡中部变形影响因素分析中，在前六个周期内，滑坡后部变形的影响因素的重要程度依次为降雨量、降雨量与库水位下降的耦合作用、库水位下降，即 $r(x_0, x_1) > r(x_0, x_4) > r(x_0, x_2)$；第六个周期后，滑坡后部变形最重要的因素是降雨量和库水位下降的耦合作用，即 $r(x_0, x_4)$ 的值最大。利用灰色关联度法定量分析滑坡变形与影响因素响应的关系，进一步证明以上定性分析的结论。

## 2.4.4　滑坡不同变形阶段稳定性主要控制因素确定

　　基于以上分析，滑坡各部位变形的主要控制因素随滑坡的发展而变化（图 2.43）。在前期变形阶段（2007 年 6 月～2009 年 6 月），滑坡前部位移与库水位下降有显著的相关性，库水位下降是变形的主要控制因素；在后期变形阶段（2009 年 6 月～2015 年 6 月），降雨量和库水位下降的耦合作用是变形的主要控制因素。然而，在滑坡中部的早期变形阶段（2007 年 6 月～2012 年 6 月），降雨量是变形的主要控制因素，在后期变形阶段（2012 年 6 月～2015 年 6 月），降雨量和库水位下降的耦合作用是变形的主要控制因素。同样，在早期变形阶段（2007 年 6 月～2013 年 6 月），降雨量是滑坡后部变形的主要控制因素，在后期变形阶段（2013 年 6 月～2015 年 6 月），降雨量和库水位下降的耦合作用是变形的主要控制因素。

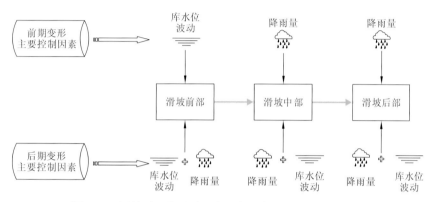

图 2.43　滑坡不同位置不同变形阶段稳定性主要控制因素

基于以上监测数据的交叉处理和分析，水库水位涨洛和降雨对朱家店滑坡不同部位变形的影响程度在不同变形阶段存在差异。这些不同部位变形现象的差异可以解释如下。

（1）在滑坡前部早期变形阶段，在库水位下降时期，水位下降导致了向坡外的渗流压力，增大滑坡前部滑体的下滑力，触发了滑坡前部的初始变形，从而在宏观上依次出现四条明显的裂缝 C1、C2、C3、C4（图 2.30），这些裂缝在库水位下降时不断增大，为降雨入渗提供了很好的途径。降雨入渗又导致了向坡外的渗透压力，进一步增大前部滑体的下滑力，外加基质吸力消失和滑动面孔隙水压力增大，抗滑力减小。最终，滑坡前部在后期降雨和库水位下降的耦合作用下加快了变形发展；此阶段变形主要在 2007 年 3 月～2011 年 6 月，宏观上变形特征主要表现为滑坡前缘变形；在高程 170～210m，滑坡前缘地表出现拉张裂缝，前缘房屋拉裂，前缘岸坡出现塌岸，滑坡中部及后部变形较小。

（2）对于滑坡的中后部，降雨入渗导致下滑力增大，抗滑力减小，降雨成为早期变形的主要影响因素，特别是在强降雨时期表现出更为明显的变形。由于滑坡前部滑坡体的变形发展，前部重要的阻滑段不能为中、后部滑体提供足够的抗力。换言之，在库水位下降过程中，滑坡前部的变形会加速中后部滑体的逐渐变形，这表明中后部滑体间接受到库水位下降的影响；最终，变形的主要控制因素由降雨量转变为降雨量和库水位下降的耦合作用，此阶段变形在 2011 年 6 月～2015 年 6 月。在 2010 年 10 月，三峡水库正式进入正常高水位 175m 运行，随着库水位的波动，滑坡前缘持续变形，由于前缘关键阻滑段的变形，中部、后部也因前部阻滑力的减小而产生变形，当遇强降雨时变形略有加快，但总体依然呈现蠕滑变形；2015 年 4 月及以后，滑坡前、中、后逐步变形，通过监测数据可以看出，2015 年 4～6 月三个月同时处在库水位下降和强降雨期，滑坡变形加快，出现整体变形的趋势。

综上，滑坡各部位在早期变形阶段的主要控制因素不同，随着滑坡渐进变形演化，各部分的稳定性主要控制因素是降雨量和库水位下降的耦合作用，表明整个滑坡体的变形呈现加速趋势。根据预测结果，为了保证人身安全和长江航运、巴秭公路正常运行，当地政府应采取措施防止滑坡进一步变形。因此，自 2016 年 12 月起，开始采取了抗滑桩工程以防止滑坡的发生。

第 3 章

# 水库滑坡-抗滑桩体系演化宏观特征

## 3.1　水库滑坡-抗滑桩体系演化过程

在大多数滑坡渐进演化过程中，不同类型成因的滑坡都具有个性明显的变形迹象，不同类型的滑坡由于各种内外动力作用，在空间上形成不同成因、不同类型的地表裂缝，这些裂缝的出现次序和空间分布可以很好地表征滑坡的变形过程，而对于大部分滑坡，其初始渐进发展演化阶段的特征具有较强的隐蔽性，早期难以识别，当变形到一定阶段时才能识别。为了能够防治滑坡灾害，需对滑坡采用防治结构。

抗滑桩作为有效的治理手段被国内外实际治理工程广泛应用，我国三峡库区采用抗滑桩治理的滑坡已达到 725 处之多，形成了大量的水库滑坡-抗滑桩体系。然而，在抗滑工程生命期内，受库水位周期性波动及降雨影响，已治理滑坡的稳定性如何变化？能否保证滑坡的治理效果？保证防治工程在设计使用期内的长期安全性是迫切需要研究的问题。滑坡岩土体的力学性质影响滑坡的长期稳定性，特别是滑带在地下水作用下及在滑移中发生损伤而导致其力学强度降低，从而大幅度降低滑坡的抗滑能力，滑坡剩余推力增大，将进一步引起抗滑结构与岩土体相互作用力的降低，引起抗滑结构体系内部应力的改变，造成抗滑结构抗滑能力下降，影响抗滑工程的安全性和治理效果。

经过治理的滑坡演化过程存在两种情况：一种是滑坡得到有效治理并保持稳定；另一种是滑坡未达到加固的效果而出现水库滑坡-抗滑桩体系新的演化过程。对于得到有效治理的滑坡，其变形演化过程得到了很好的抑制，实现了由不稳定状态到稳定状态的完全过渡。然而，由于未考虑综合因素影响，滑坡稳定性评价和抗滑桩结构设计计算出现偏差等，滑坡并未得到有效加固，水库滑坡-抗滑桩体系将出现新的演化过程，表现出不稳定状态—暂稳状态—不稳定状态的过程。滑坡的演化是一个非常复杂的过程，植入抗滑桩之后体系的演化将更为复杂。因此，为了了解水库滑坡-抗滑桩体系的演化特征，下面在滑坡演化特征研究的基础上，主要探讨水库滑坡-抗滑桩体系三种较为普遍的演化过程及其宏观特征。

## 3.2　牵引式滑坡-抗滑桩体系演化宏观特征

在库水位波动或者人工开挖坡脚的情况下，滑坡前缘将形成较好的临空面条件，滑坡前缘临空方向的拉裂-错落变形，形成横向的弧形拉张裂缝（羽状裂缝）和下错台坎[图 3.1（b）]，之后前缘拉张裂缝表现明显，滑坡通过植入抗滑桩进行治理。滑坡经过治理之后保持稳定状态，然而随时间流逝，在库水位循环波动的持续作用下，桩后逐渐出现拉裂-错落变形与拉张裂缝[图 3.1（c）]，治理后滑坡稳定性不断下降，随着桩后滑坡体变形的不断发展，滑坡后缘出现拉裂、滑移并产生拉张裂缝，后缘拉张裂缝横向长度不断增长，逐步连接形成滑坡后缘的弧形拉裂缝。受边界效应的影响，滑坡体的两侧一般会形成同步对称的雁列状侧翼剪切裂缝，滑坡后缘滑体的蠕滑变形及抗滑桩的阻滑作用使滑坡中后部出现少许鼓胀裂缝[图 3.1（d）]，渐进牵引式变形的加剧使部分拉张裂缝出现于滑坡后缘。连续的渐进牵引式变形使滑坡稳定性不断下降,抗滑桩出现歪斜,抗滑桩阻滑效果大幅下降,随着渐进牵引式变形的持续加剧,牵引式滑坡-抗滑桩体系最终发生整体失稳[图 3.1(e)]。

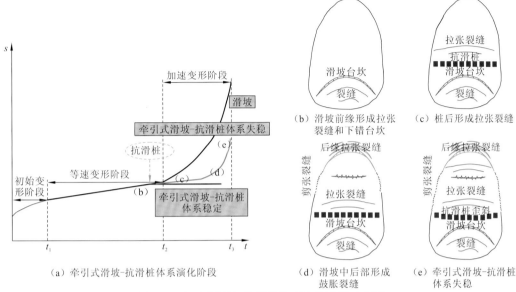

图 3.1　牵引式滑坡-抗滑桩体系演化过程示意图

## 3.3　推移式滑坡-抗滑桩体系演化宏观特征

推移式滑坡变形的"力源"来自滑坡后缘,滑坡的滑动起始于坡体后缘,滑坡变形初期,后缘首先拉裂、滑移并产生拉张裂缝;随着后缘坡体变形不断发展,后缘拉张裂缝的整体数量增多,横向长度不断增长,逐步连接形成滑坡后缘的弧形拉张裂缝,滑坡后缘变形滑移加剧,致使滑坡中后部出现鼓胀裂缝[图 3.2(b)];而受边界效应的影响,滑坡中后缘两侧边界接触带将产生剪应力和张扭应力集中,形成滑坡体两侧同步对称的雁列状侧翼剪切裂缝;之后滑坡变形明显,滑坡通过植入抗滑桩进行治理。滑坡治理后,由于库水位波动或者人工坡脚开挖,滑坡前缘将形成较好的临空面条件,从而出现向滑坡前缘临空方向的拉裂-牵引变形,形成少许横向的弧形拉张裂缝[图 3.2(c)],与此同时桩后滑体变形持续加剧,鼓胀裂缝于滑坡中后部与桩后不断增多,随着桩后坡体的持续向前滑移变形,滑坡体的推力逐渐增大,甚至超过了抗滑桩的支护力,导致抗滑桩出现向前歪斜,抗滑桩逐渐失效[图 3.2(d)]。另外,桩前坡体进一步形成拉张裂缝,牵引变形影响扩大至桩后。由于没有抗滑桩提供有效抗滑力,滑坡变形由后向前逐步发展,侧翼剪切裂缝不断向抗滑桩附近两侧边界扩展、延伸,鼓胀裂缝逐渐向桩后附近发展,滑坡剩余下滑力不断增大,挤压桩后坡体向两侧扩散,随着滑移变形的加剧,推移式滑坡-抗滑桩体系最终整体失稳[图 3.2(e)]。

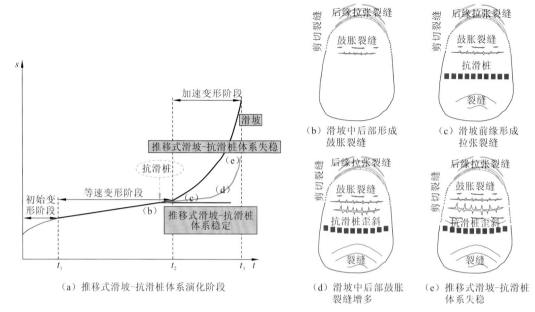

图 3.2　推移式滑坡-抗滑桩体系演化过程示意图

# 3.4　复合式滑坡-抗滑桩体系演化宏观特征

在变形初期，复合式滑坡在库水位波动或者人工开挖坡脚的情况下，滑坡前缘形成临空面条件且产生拉应力集中现象，出现向滑坡前缘临空方向的拉裂-错落变形，形成横向的弧形拉张裂缝和下错台坎；同时，滑坡受后缘的加载和降雨等影响，后缘出现拉裂、滑移并产生拉张裂缝，此外由于滑坡后缘滑体蠕滑挤压变形，后缘滑坡表面出现少许鼓胀裂缝[图 3.3（b）]；随后滑坡变形宏观特征明显，滑坡通过植入抗滑桩进行治理。对于治理后的滑坡，抗滑桩只能起到阻挡桩后滑坡岩土体运动的作用，而由于之前前缘滑坡体在多因素的影响下已启滑，前缘滑坡体继续前期的变形过程并逐步向桩的位置靠近，形成多级弧形拉张裂缝、下错台坎和多级滑块，直到桩前的滑坡体发生变形滑移。桩前抗力减小，桩后滑体滑移变形使滑坡中后部鼓胀裂缝增多[图 3.3(c)]；抗滑桩逐步失去桩前有效抗力，导致抗滑桩向前歪斜，抗滑桩逐渐失效。由于没有抗滑桩提供有效抗力，桩后滑坡体变形由后向前逐步发展，滑坡后缘滑体滑移变形加剧，后缘滑坡表面鼓胀裂缝扩展[图 3.3（d）]；此外，侧翼剪切裂缝不断向抗滑桩附近两侧边界扩展、延伸，滑坡剩余下滑力不断增大，挤压桩后坡体向两侧扩散，形成扇形排列的压性裂缝；另外，桩前坡体进一步形成拉张裂缝和下错台坎，桩前和桩后的拉张裂缝、剪切裂缝、鼓胀裂缝等数量逐渐增多，最终导致复合式滑坡-抗滑桩体系整体失稳[图 3.3（e）]。

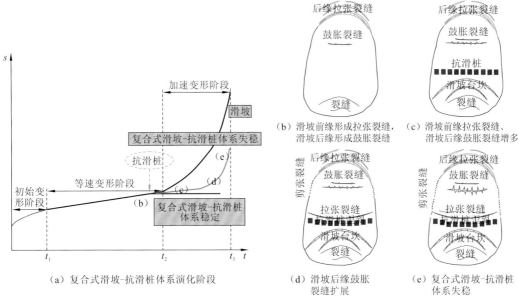

（a）复合式滑坡-抗滑桩体系演化阶段

（b）滑坡前缘形成拉张裂缝，
滑坡后缘形成鼓胀裂缝

（c）滑坡前缘拉张裂缝、
滑坡后缘鼓胀裂缝增多

（d）滑坡后缘鼓胀
裂缝扩展

（e）复合式滑坡-抗滑桩
体系失稳

图 3.3　复合式滑坡-抗滑桩体系演化过程示意图

第 4 章

# 水库滑坡-抗滑桩体系原型试验与多场监测技术

# 4.1 滑坡工程地质条件

## 4.1.1 滑坡概况

  三峡库区马家沟滑坡位于湖北省秭归县归州镇彭家坡村，地理位置坐标为北纬 $31°01'08''\sim31°01'17''$，东经 $110°41'48''\sim110°42'10''$，滑坡地理位置如图 4.1 所示。马家沟滑坡自 2003 年三峡库区首次蓄水至 135 m 后的三个月以内出现明显的变形迹象，在滑坡后缘出现大规模的拉张裂缝。根据滑坡现场测绘和勘查，滑坡纵向长度为 537.9 m，前后缘宽度分别为 150 m 和 210 m。滑坡前缘剪出口位于 145 m 以下，后缘高程 280 m。滑坡主滑方向为 291°，滑动方向基本与长江的支流吒溪河垂直，滑坡全貌如图 4.2 所示。根据滑坡工程地质勘查确定的滑坡边界范围，可以计算出滑体面积约为 $9.68\times10^4\,\text{m}^2$，滑坡最深层滑带深度约为 30 m，初步估计的失稳体积约为 $251.68\times10^4\,\text{m}^3$。

图 4.1 马家沟滑坡地理位置图

图 4.2 马家沟滑坡全貌图

## 4.1.2　地形地貌

三峡库区地形以大巴山、巫山山脉为骨架，属于以侵蚀作用为主兼有溶蚀作用的中山峡谷夹低山宽谷地貌景观。归州一带为巫峡与西陵峡西段的过渡带，地势较低，山顶标高一般在 500～600m。马家沟滑坡地貌形态为近东西向展布，位于向吒溪河倾斜的斜坡上（图 4.2）。坡体总体为顺坡向，坡面形态为陡缓相间的折线形，大体呈上陡 26°～35°、中缓 10°～15°、下陡 30°～45° 的形态。前缘受河流侵蚀，形成河流相冲积阶地。

坡体受多次变形及人工改造影响，发育多级缓坡平台，陡坎众多。受地形控制，沟谷呈 V 字形，在高程上呈东高西低地势，切深由上至下逐渐变深，最深达 60m 以上，沟底由松散碎（块）石土组成，为深切沟槽。沟体右侧可见上侏罗统遂宁组（$J_3s$）砂岩出露，滑体以上有许多顺坡向的小冲沟发育，大多汇集于滑体边界两侧的冲沟中。

## 4.1.3　地层岩性

根据现场调查绘制了马家沟滑坡工程地质平面图（图 4.3）与工程地质纵剖面图（图 4.4），马家沟滑坡主要出露上侏罗统遂宁组（$J_3s$）及第四系。

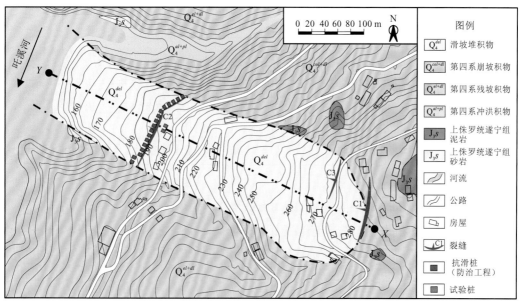

图 4.3　马家沟滑坡工程地质平面图

### 1. 基岩地层

马家沟滑坡区基岩地层为上侏罗统遂宁组（$J_3s$），属归州群中部地层（表 4.1）。该组属陆相碎屑沉积，是区内分布最广泛的基岩地层，也是本次勘查工作的重点。其主要分布于测区高程 135m 以上坡体及后缘壁地段，岩性以灰白色长石石英砂岩、细砂岩为

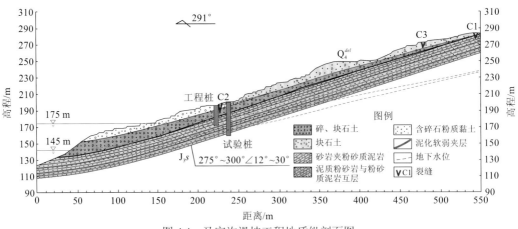

图 4.4 马家沟滑坡工程地质纵剖面图

主，夹紫红色粉砂质泥岩、泥岩，岩石力学强度一般较低，易风化，遇水易软化、泥化，是三峡地区易滑地层之一。

表 4.1 马家沟地区及邻区地层岩性表

| 系 | 统 | 群 | 组 | 段 | 厚度/m | 岩性 | 备注 |
|---|---|---|---|---|---|---|---|
| 侏罗系 | 上统 | | 蓬莱镇组（$J_3p$） | | 1 224～1 943 | 下部为紫红色灰质粉砂岩、粉砂质泥岩与灰白色砂岩互层，上部以砂岩为主，夹紫红色钙质粉砂岩、钙质细砂岩 | |
| | | | 遂宁组（$J_3s$） | | 572～1 065 | 灰绿色中厚-厚层状砂岩与紫红色含钙质粉砂岩、粉砂质泥岩，不等厚互层 | 测区属该组中下部 |
| | 中统 | 归州群 | 沙溪庙组（$J_2s$） | 二段（$J_2s^2$） | 1 062～1 244 | 紫红色、紫灰色粉砂岩、黏土质粉砂岩与灰白色砂岩互层，底部为青灰色-灰绿色、厚-巨厚层长石砂岩 | |
| | | | | 一段（$J_2s^1$） | 945～1 139 | 下部为紫红色厚层粉砂质泥岩、泥质粉砂岩与长石砂岩互层，底部为砂岩砾岩，上部为薄层粉砂岩，含碳质粉砂岩与青灰色、灰绿色长石砂岩不等厚互层 | |
| | | | 聂家山组（$J_2n$） | | 678～1 066 | 下部为灰绿色粉砂质泥岩、粉砂岩、石英砂岩，夹少量灰岩，底部以砾岩层与下伏地层为界；中部为紫红色粉砂岩与灰绿色砂岩互层；上部以紫红色粉砂岩、黏土质粉砂为主，夹少量灰绿色砂岩 | |

勘查区内以灰白色长石石英砂岩为特征，向上过渡到以灰白色细砂岩为主，其间夹有褐红色粉砂质泥岩（图 4.5）。基岩层面产状为 270°～290°∠25°～30°，长石石英砂岩中含有少量石英砾石和紫红色泥砾，节理较发育，以微风化为主，该段上部以强-中风化为主。滑区发育多种裂隙：①20°∠75°，充填，裂面不平，呈波状起伏。②35°∠70°，该组裂隙平直光滑，切割深度达 2 m 左右，延伸长度大于 5 m，为拉张裂缝，张开度 1～5 cm 不等。③80°∠60°，拉张裂缝，裂隙光滑，泥质充填。④310°∠55°，延伸长度 1 m，

具泥钙质充填。⑤335°∠68°，延伸长度 0.8 m，为拉张裂缝。以上裂隙与岩层层面组合切割，使基岩呈块状，形成破碎岩石，降低斜坡岩体强度，并且基岩内软弱泥岩夹层发育，这些都是形成滑坡岩层内潜在滑面的有利条件。目前，已经通过测斜孔和抗滑桩现场试验查明了基岩内发育的深层滑动面，按照破坏模式与滑体成分进行分类，马家沟滑坡属于顺层岩质滑坡。

图 4.5　滑坡地层岩性与产状

### 2. 第四系松散堆积层岩性特征

第四系松散堆积物广泛分布于坡体上，成因类型主要有残坡堆积、冲洪积、人工堆积等。

#### 1）残坡堆积层

残坡堆积层（$Q^{dl-el}$）广泛分布于滑体范围内，高程 139～190 m 坡段。岩性为碎（块）石土、碎（块）石层，土石比多在 2：8 左右，结构松散（图 4.6）。母岩成分主要为上侏罗统遂宁组（$J_3s$）长石石英砂岩、粉砂岩、粉砂质泥岩。

图 4.6　滑坡后缘探槽揭露的基覆界面

残坡堆积层厚度、碎（块）石粒度及含量、密实程度等，随其所处位置及母岩岩性不同而稍有变化。堆积层厚度一般为 8～15 m，总体呈自东向西逐渐变厚的趋势。

残坡堆积碎（块）石土、碎（块）石层物质组成的总体特点是：土石比变化较大，碎（块）石粒度悬殊。一般来说，土石比在 2：8～4：6 的，结构稍密，多为褐红色，碎（块）石粒径以 10～100 mm 为主，多呈次棱角状，成分以粉砂岩为主，长石石英砂岩少见；土石比在 1：9～2：8 的，结构较松散，以灰白色为主，碎（块）石粒径以 20～120 cm 为主，多呈棱角状，成分以长石石英砂岩为主，粉砂岩少见。在前缘见有典型的残坡堆积现象，岩层产状在小范围内急剧变化形成反翘。

**2）冲洪积堆积层**

冲洪积堆积层（$Q^{al-pl}$）广泛分布于滑坡体周边地区，岩性以黄褐色、红褐色、灰黄色粉质黏土为主，夹少量碎石，结构中密。碎石成分以强风化长石石英砂岩为主，粒径为 60～100 cm，多呈次棱角状。

**3）人工堆积层**

坡体表面因人类工程活动频繁，人工堆积层（$Q^{ml}$）主要分布在滑坡体前部。岩性主要为碎（块）石土等，结构松散。

## 4.1.4　水文地质条件

根据地下水赋存条件和水动力特征，区内地下水主要为碎屑岩裂隙水和松散堆积层孔隙水两类。碎屑岩裂隙水的含水介质为侏罗系粉砂质泥岩和泥质粉砂岩，其富水性较强，排泄基准面总体受长江河谷及深切沟谷制约。区内松散堆积层孔隙水含水层广为分布，透水性较好。地下水位埋深变化大，主要受到库水位波动影响而发生周期性的涨落。该区出露泉水点有两处，流量为 2 L/s，水质为 $HCO_3$-Ca 型水。

## 4.1.5　滑坡治理工程概况

马家沟滑坡在三峡水库蓄水至 135 m 后的三个月时间内出现了明显变形，滑坡后缘出现了大规模的拉张裂缝。滑坡一旦失稳破坏，将直接威胁到滑坡体附近的 61 户 220 余人的生命财产安全。在 2005 年开展了滑坡现场勘查工作，勘查深度为 25 m，在 25 m 范围内的基岩内部并未发现深层滑面，遂将马家沟滑坡确定为堆积层滑坡，滑带主要分布在基覆界面处。随后，在 2006～2007 年先后开展了滑坡治理工程的设计和施工工作。治理工程分为两部分，一是抗滑桩工程，二是地表排水工程。

当时勘查成果显示，马家沟滑坡滑动面位于基覆界面处，属于堆积层滑坡，设计采取抗滑桩结合地表排水的方案对该滑坡进行治理。抗滑桩布置在归水公路下侧高程 200 m 的平台上，抗滑桩桩截面为 2 m×3 m，桩间距为 7 m，共 17 根，桩长为 18 m 和 22 m，采用 C30 混凝土浇筑。受荷段为碎块石夹粉质黏土，抗滑桩嵌固段为 8 m 破碎的砂岩夹软弱的泥岩。另外，还在滑坡体上布设了五个 GPS 监测点，在抗滑桩桩顶布设了两个 GPS 监测点，以监测滑坡地表位移及治理工程效果，马家沟滑坡治理及监测工程布置平面图如图 4.7 所示。

但是，GPS 地表位移监测显示，马家沟滑坡在治理后变形仍在持续发展，并且在抗滑桩的桩后出现了大规模的裂缝，种种迹象表明马家沟滑坡并未得到有效防治。

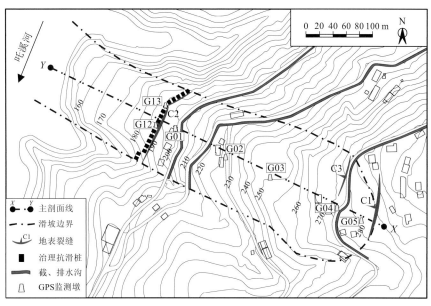

图 4.7　马家沟滑坡治理及监测工程布置平面图

## 4.2　水库滑坡-抗滑桩体系原型试验系统设计

现有的监测工作主要侧重于大地变形的监测,如 GPS 监测及全站仪监测等,都是针对滑坡自身变形的监测。对于已采用抗滑桩等防治结构措施进行治理的滑坡,在水库运行条件下,抗滑桩等防治结构的受力变形特征、滑坡的防治效果、周期性渗流场变化作用下水库滑坡-抗滑桩体系应力场和位移场的演化特征都有待深入研究。但目前关于水库滑坡-抗滑桩体系的多场监测还缺乏系统性,而开展以上问题的研究对三峡库区及其他库区的滑坡地质灾害治理都有很强的科学意义和指导价值。

为开展上述科学问题的研究,选取三峡库区马家沟滑坡为研究对象,在滑坡原有抗滑桩桩后布设了两根试验抗滑桩,设计构建了世界上第一个水库滑坡-抗滑桩体系原型综合试验系统平台 (Hu et al.,2017)。三峡库区马家沟滑坡原型综合试验系统的主要功能是获取水库滑坡-抗滑桩体系的位移场、应力场、渗流场、应变场等多场监测信息,为水库滑坡-抗滑桩体系演化机理、水库滑坡-抗滑桩体系相互作用机理和抗滑桩优化设计等研究提供现场数据信息支持。三峡库区马家沟滑坡-抗滑桩体系原型综合试验系统平台主要由水库滑坡-抗滑桩体系、监测系统和数据管理系统三部分组成 (图 4.8)。

水库滑坡-抗滑桩体系由马家沟滑坡和两根试验桩组成,两根试验桩设在工程桩桩后 5.8 m 处,分别在高程 200 m 处主剖面线两侧 (具体位置见图 4.9)。两根试验桩均为钢筋混凝土矩形桩,桩身截面尺寸为 1.5 m×2 m,桩间距为 6 m,桩长为 40 m。

水库滑坡-抗滑桩体系多场监测系统可分为滑坡监测和抗滑桩监测两大部分(图 4.10)。滑坡监测包括变形监测、渗流场监测及应变和温度监测,抗滑桩监测包括土压力监测、

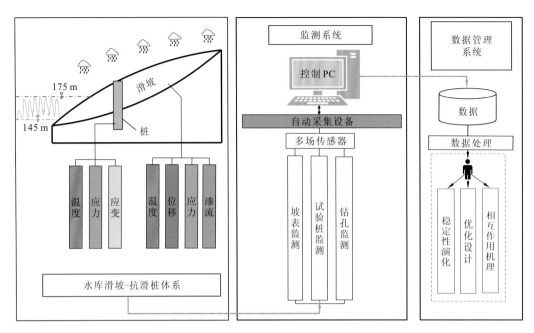

图 4.8　马家沟滑坡-抗滑桩体系原型综合试验系统平台

图 4.9　马家沟滑坡-抗滑桩体系现场试验平面布置图

桩身应力监测及桩身应变监测。试验抗滑桩于 2012 年现场浇筑完成，随着相应监测设备的埋设完成，最终建立了水库滑坡-抗滑桩体系现场试验平台，监测系统构成及监测系统立体布设方案分别如图 4.10 和图 4.11 所示，配合监测系统，完成了实时数据自动化采集与传输子系统设计建设。

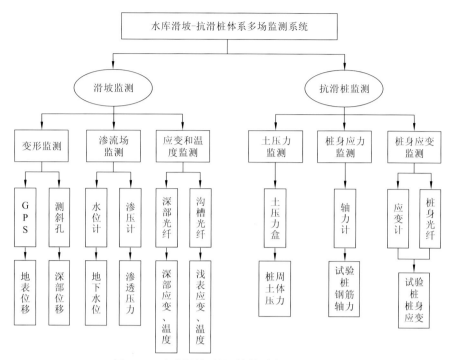

图 4.10　水库滑坡-抗滑桩体系多场监测系统

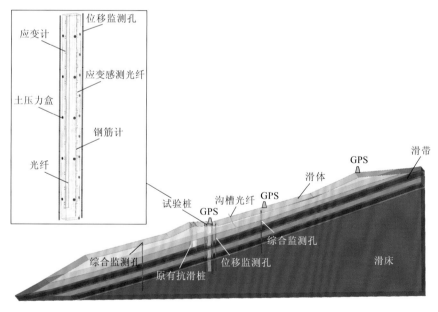

图 4.11　监测系统构成及监测系统立体布设方案示意图

　　数据管理系统的目的是高效、科学地管理和使用监测数据，为滑坡的演化过程、水库滑坡-抗滑桩体系相互作用机理及抗滑桩优化设计等科学问题提供数据基础。

# 4.3　滑坡体监测子系统设计

　　滑坡体监测系统的目的是查明滑坡变形量值、深层滑动面位置、滑坡地下水动态变化规律等，监测项目包括地表和深部位移监测、滑坡渗流场监测，此外还利用光纤监测技术对滑坡浅表的应变场进行了监测。

### 1）地表位移监测

　　滑坡地表位移监测能够直接地反映滑坡的变形破坏情况与演化特征，是滑坡变形监测中最为重要的监测手段。马家沟滑坡布设有两期 GPS 监测点，第一期为 2007 年进行抗滑桩治理时的监测工程，第二期为 2012 年新布设的滑坡监测工程。其中，新布设的监测点 H01、H02 和 H04 与 2007 年布设的监测工程的 GPS 监测点 G01、G02 和 G04 在空间位置上接近，两期的地表位移监测结果可以进行对比分析，具体布设位置如图 4.9、图 4.12 所示。

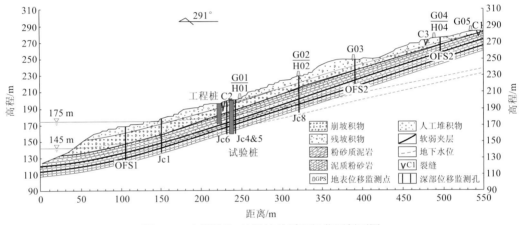

图 4.12　水库滑坡−抗滑桩体系现场监测剖面图

### 2）深部位移监测

　　滑坡深部位移监测可以直接反映出滑动面的位置变化，是判断滑坡滑动面位置和变形破坏模式的重要依据。马家沟滑坡现场试验中，在滑坡主剖面线上共布设了 11 个深部位移监测孔，其中包括 3 个综合监测孔、3 个光纤监测孔和 5 个桩周监测孔。综合监测孔编号分别为 Jc1、Jc3、Jc8，除了深部位移监测，还通过埋设水位计和渗压计来监测滑坡地下水位与动水压力。光纤监测孔编号为 OFS1、OFS2、OFS3，均由南京大学布设，通过在测斜管内埋设应变感测光缆以监测测斜管应变。此外，在试验桩桩周设置了 5 个深部位移监测孔，编号分别为 Jc2、Jc4、Jc5、Jc6 和 Jc7，用以监测桩周滑体深部变形情况。测斜孔成孔后埋入管径为 70mm 的铝制测斜管，测斜采用加拿大 RST 公司生产的数字式测斜仪系统，测量误差在 5mm 左右。各个监测孔的具体布设位置如图 4.12 所示，各孔标高和深度见表 4.2。

表 4.2　各深部位移监测孔说明

| 钻孔编号 | 钻孔性质 | 孔口标高/m | 钻孔深度/m |
| --- | --- | --- | --- |
| Jc1 | 综合监测孔 | 176.9 | 39.0 |
| Jc3 | 综合监测孔 | 197.6 | 38.0 |
| Jc8 | 综合监测孔 | 225.0 | 43.0 |
| Jc2 | 桩周测斜孔 | 198.0 | 40.0 |
| Jc4 | 桩周测斜孔 | 197.8 | 39.0 |
| Jc5 | 桩周测斜孔 | 197.6 | 40.0 |
| Jc6 | 桩周测斜孔 | 197.5 | 40.0 |
| Jc7 | 桩周测斜孔 | 197.6 | 40.0 |
| OFS1 | 光纤监测孔 | 173.0 | 40.0 |
| OFS2 | 光纤监测孔 | 248.2 | 28.3 |
| OFS3 | 光纤监测孔 | 274.0 | 14.2 |

**3）渗流场监测**

综合监测孔 Jc1、Jc3 和 Jc8 成孔后，埋入铝制测斜管时首先在管外的底部布设渗压计和水位计，用以监测滑坡动水压力和地下水位。采用了基康仪器（北京）有限公司生产的 BGK-4500AL 振弦式渗压计监测渗透压力，同时采用 BGK-4500SV 振弦式水位计监测地下水位变化。

**4）光纤监测**

马家沟滑坡光纤监测部分主要是由南京大学布设的，采用了先进的分布式光纤传感等监测手段，分别在测斜孔、抗滑桩及滑坡表面位置埋设了光纤传感器，首次建立了滑坡分布式光纤监测技术体系（孙义杰，2015）。监测孔成孔后，在铝制测斜管的管壁用接触粘贴的方式布设应变感测光缆，以监测测斜套管应变。另外，在钻孔内还埋入温度分布式感测光纤和 FBG 温度计串，用以监测坡体内的温度。图 4.13 为光纤综合监测孔传感器布设示意图。

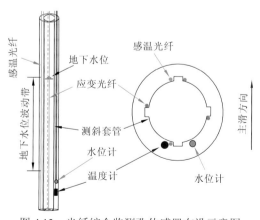

图 4.13　光纤综合监测孔传感器布设示意图

为获取坡体浅表的应变情况，采用直埋的方式近似垂直于主滑方向沿等高线布设了两条滑坡表面光纤监测线，编号分别为 SL1 和 SL2。两条光纤监测线选择沿公路内侧排水沟进行布设，具体埋设时，需凿开排水沟底部，并向下挖掘约 30 cm 后，在排水沟底部放置温度和应变传感光缆，用于监测浅层温度和应变场分布与变化。采用光纤护管保护光纤，每间隔 2 m 设置 T 形锚固支架，对光纤护管进行固定，然后覆盖细粒土并用开挖原土体进行回填，恢复水沟沟底原貌，具体设计方案如图 4.14 所示（孙义杰，2015）。

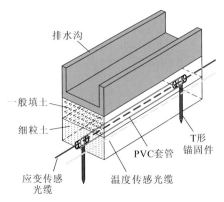

图 4.14　滑坡表面沟槽光纤布设示意图

# 4.4　试验桩监测子系统设计

试验桩监测系统的目的是获取滑坡变形时抗滑桩自身的受力变形特征，从而进一步研究水库滑坡−抗滑桩体系相互作用、协同变形规律等。两根试验桩采用了相同的配筋设计，受拉侧采用二级配筋，第一排采用 18$\phi$36 的 HRB335 螺纹钢，沿桩身通长配筋，3 根一束，纵向受力钢筋束净间距为 260 mm。第二排采用 18$\phi$36 的 HRB335 螺纹钢，布设于桩身 13.2～30.2 m 段（桩顶为 0），3 根一束，纵向受力钢筋束净间距为 260 mm。受压侧采用 6$\phi$22 的 HRB335 螺纹钢，净间距为 260 mm。桩身混凝土标号为 C30，钢筋保护层厚度为 10 cm，桩身配筋图如图 4.15 所示。

**1）钢筋轴力监测**

抗滑桩弯矩是分析桩身承载特性和受力特征的重要依据，虽然弯矩值并不能直接通过监测获取，但可以通过监测抗滑桩桩身主受力筋的钢筋轴力，再根据公式推算得到桩身弯矩的近似值。为了监测试验桩桩身纵向轴力变化情况，在试验桩的主受力筋上等间距布设了钢筋计。监测仪器采用了基康仪器（北京）有限公司生产的 BGK-4911A 型振弦式钢筋计，通过绑扎钢丝将钢筋计的两端固定在试验桩第一排纵向受拉侧钢筋上，每根试验桩按 1.5 m 的间距纵向通长布设 26 个钢筋计。

**2）桩身应变监测**

采用了两种方法对抗滑桩桩身的应变进行监测，一种是在桩身浇筑时预埋附着于钢筋上的应变感测光纤，另一种是在桩身外侧混凝土保护层中预埋应变计。第一种监测方

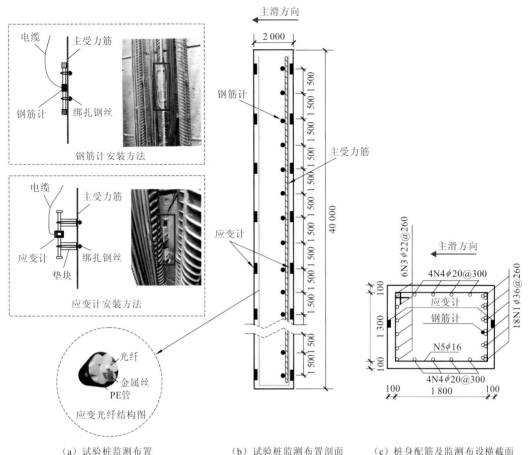

（a）试验桩监测布置　　　　（b）试验桩监测布置剖面　　　（c）桩身配筋及监测布设横截面

图 4.15　试验桩桩身监测仪器布设纵截面图及配筋横截面图（单位：mm）

法是与南京大学的施斌教授团队合作完成的，在抗滑桩混凝土浇筑前，将金属丝和 PE 管包裹的感测光纤通长绑扎在钢筋笼上，以此方式在两根试验抗滑桩中均植入了应变监测光纤。第二种监测方法是在桩身混凝土保护层中埋设应变计，本次试验采用的是基康仪器（北京）有限公司生产的 BGK-4200 型振弦式应变计。应变计分别埋设在桩前侧和桩后侧，前后应变计的间距为 1.8 m，每根试验桩的前后侧分别按照 3.0 m 的间距纵向通长布设 13 个应变计。试验桩桩身监测仪器布设纵截面图及配筋横截面图如图 4.15 所示。

**3）桩周土压力监测**

为了研究滑坡体作用于试验桩的滑坡推力及试验桩的桩前抗力等应力变化，在两根试验桩的桩后、桩前及桩间埋设了土压力传感器。该装置采用的是由基康仪器（北京）有限公司生产的 BGK-4810 型振弦式压力传感器，量程为 3.0 MPa。安装方法是在进行试验桩桩孔开挖时，将土压力传感器垂直埋设在桩孔的侧面，以监测水平方向的应力，并用铆钉将其固定在岩土体开挖面上。每根试验桩桩后侧通长均匀布设 10 个土压力计，间距为 4 m。两根试验桩的桩前侧与桩内侧各通长均匀布设 5 个土压力计，间距为 8 m，具体布设位置如图 4.16 所示。

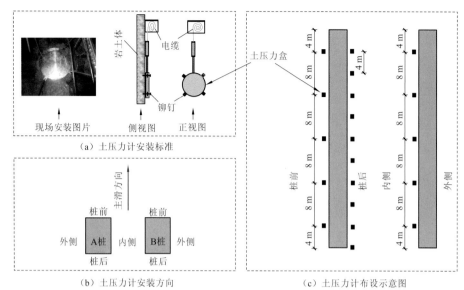

（a）土压力计安装标准

（b）土压力计安装方向　　（c）土压力计布设示意图

图 4.16　抗滑桩桩周土压力监测布设

# 4.5　原型试验自动化数据采集与传输子系统

2019 年在马家沟滑坡新增了 4 个深部位移监测孔（深度为 40～50 m），结合导轮式固定测斜仪和光纤监测滑坡深部位移，孔底布设渗压计以监测滑坡不同部位的水位随降雨与库水位涨落的变化情况，基于以上工作建立了马家沟滑坡-抗滑桩体系原型试验自动化数据采集与传输系统，该系统的组成结构如图 4.17 所示。

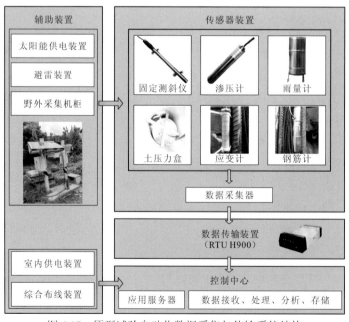

图 4.17　原型试验自动化数据采集与传输系统结构

自动化数据采集与传输系统的主要构成有辅助装置、传感器装置、数据传输装置、控制中心等。

辅助装置由太阳能供电装置、避雷装置、野外采集机柜（图 4.18）等组成，其中太阳能供电装置主要包含太阳能电池板（18 V）、HN-N10S 型太阳能控制器、太阳能蓄电池（12 V，120 A）、地埋箱（150 AH）等，可为传感器装置、数据采集器与数据传输装置等供电以保证其正常运作；野外采集机柜包含机柜、数据采集器、屏蔽电缆等，起到接收与临时存储各传感器信号的作用。

图 4.18　野外采集机柜内部

传感器装置的组成有：新增钻孔中的固定测斜仪、渗压计；原有试验桩中的钢筋计、应变计、土压力盒；新增加的翻斗式雨量计。传感器装置可实现对滑坡体深部位移、滑坡渗流场、试验桩受力变形特征、现场降雨等数据的实时测定。

数据传输装置包含 H900 型 RTU 遥测终端机、HC-MCU-E8 型网络采集模块、AD2000型无线传输模块（图 4.19）与物联卡，可将数据采集器存储的数据按照设定的功率与频率转化为无线信号发出。

（a）HC-MCU-E8 型网络采集模块　　　　（b）AD2000 型无线传输模块

图 4.19　无线采集与传输模块

　　控制中心包含应用服务器与相关集成管理软件等，可接收、处理、分析与存储由野外数据传输系统发出的无线信号，对相应传感器进行率定后，即可在相应的网页或软件上通过监测预警系统实时查阅与下载马家沟滑坡−抗滑桩体系原型试验场的各场数据（图 4.20）。

图 4.20　原型试验场监测预警系统界面

　　原型试验自动化数据采集与传输系统能够实时且连续地获取水库滑坡−抗滑桩体系位移场、应力场、渗流场、应变场等多场监测信息，为滑坡演化过程、水库滑坡−抗滑桩体系相互作用机理、抗滑桩优化设计等科学问题的研究提供了一个更加智能化的综合性试验研究平台。

第 5 章

# 水库滑坡-抗滑桩体系演化的物理模型试验技术

# 5.1　水库滑坡−抗滑桩体系大型物理模型试验系统设计思路与系统组成

　　为了揭示水库滑坡-抗滑桩体系演化过程中应力场、位移场、渗流场、温度场等多场演化规律，以水库滑坡-抗滑桩体系为研究对象，通过对该体系进行概化，建立了水库滑坡-抗滑桩体系大型物理模型试验系统（雍睿，2014）。该试验系统主要包括试验装置和多场数据采集与传输系统，其中试验装置主要包括模型框架，而多场数据采集与传输系统则包括渗流场、应力场和位移场等多场监测设备及装置。该系统可以用来研究滑坡演化过程中抗滑桩荷载的动态响应规律与响应机理，探究水库滑坡-抗滑桩体系多场协同演化规律，并建立相应变形协调方程，以揭示水库滑坡-抗滑桩体系演化机理。

　　多场数据采集与传输系统主要包括库水位系统、加载系统、位移场监测、土压力监测、抗滑桩应变监测与滑坡表面温度监测，其系统设计思路如图 5.1 所示。其中模型试验滑坡体主要根据滑坡的岸坡结构、地形地貌，地层组成及滑坡涉水情况概化后获得；库水位系统主要包括库水位控制装置与渗流场监测装置，库水位控制装置主要通过进水管与出水管控制模型框架内水位的高度，渗流场监测装置主要包括监测滑坡体内渗流场演化特征的孔隙水压力计。位移场监测主要包括滑坡表面位移场监测与深部位移监测，其中滑坡表面位移场监测主要通过三维激光扫描技术与粒子图像测速（particle image velocimetry，PIV）技术实现，而深部位移监测主要依靠柔性深部位移计实现；土压力监测主要包括量测滑坡各个部位的土压力分布情况的土压力计；抗滑桩应变监测主要利用抗滑桩上的应变片测量抗滑桩桩身的应变变化特征；滑坡表面温度监测则是利用红外热像仪获得滑坡表面温度变化情况。

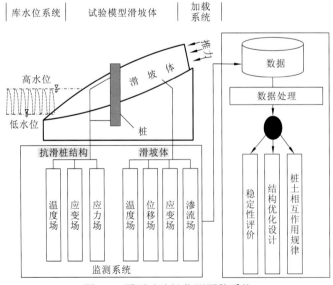

图 5.1　原型试验场监测预警系统

构建多场物理模型试验系统的目的如下：

（1）提出一种具有挡水结构模型测试系统的水库滑坡设计新方法，可以实现不同水文和抗滑桩结构参数对水库滑坡-抗滑桩体系稳定性影响的研究；

（2）建立不同条件下的一系列模型试验，如有无抗滑桩、不同水位变化率、不同结构间距、不同桩径等工况；

（3）获得不同条件下滑坡及抗滑桩结构变形破坏的多种信息；

（4）基于一系列模型试验的监测结果，可以展开对库岸滑坡演化机制、滑坡与支护结构的相互作用机制、加筋滑坡在水位波动下的长期稳定性的研究，并分析水文和挡土结构参数对滑坡的影响。

## 5.2　水库滑坡-抗滑桩体系物理模型概化与相似材料

### 5.2.1　水库滑坡-抗滑桩体系物理模型概化

传统滑坡模型主要为滑坡全模型概化仿真模型，采用的模型相似比较小，优点在于可以对整个滑坡变形破坏过程进行宏观分析，但在对滑坡局部变形与受力特征进行细致研究方面略有不足，难以对库水作用下与植入防治工程情况下的应力、应变特征展开分析（唐辉明等，2012）。

以千将坪滑坡物理模型试验为例，刘波等（2007）、罗先启和葛修润（2008）、肖诗荣等（2007）采用三峡库区地质灾害教育部重点实验室的"考虑雨水作用的大型滑坡物理模型试验系统"，进行了室内滑坡物理模型试验研究。实际滑坡研究范围的长度约为1 300 m，高度约为 400 m。试验中所采用的滑坡模型相似比为 1∶150，按照几何相似转换关系，得到滑坡模型长度约为 8.67 m，高度为 2.66 m。整个滑坡模型试验装置制作周期长，人力、物力消耗巨大，试验成果显得尤为宝贵。

本试验重点为开展库水作用下滑坡变形破坏分析与抗滑桩及其周围土体受力、变形的精细研究，因此无须对整个滑坡模型进行全面制作和分析，而是采用"半模型试验"的设计思路，对实际滑坡进行了概化。根据滑坡原型前缘的岸坡结构与地形地貌并综合考虑各方面因素，最终确定滑坡模型的几何相似比为 1∶40，概化范围与研究区域如图 5.2 所示。

模型框架与概化后的水库滑坡-抗滑桩体系物理模型如图 5.3 所示。模型框架尺寸为2.7 m×1.0 m×1.5 m（长×宽×高）；水库滑坡-抗滑桩体系物理模型主要由滑体、滑床、滑带与抗滑桩四部分构成，其中滑体与滑带平均厚度分别为 35 cm 与 4 cm，滑床后缘高度为 93 cm，滑面倾角后部稍陡为 15°，前部较缓为 9°，抗滑桩截面尺寸为 7.5 cm×5 cm（长×宽），桩身长 55 cm，其中嵌固端长度为 20 cm。

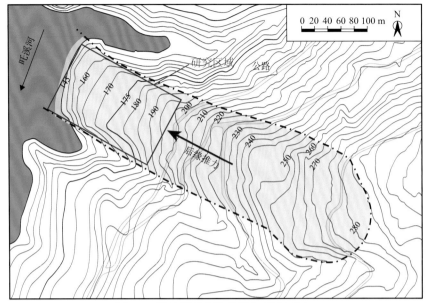

图 5.2 滑坡模型概化范围与研究区域

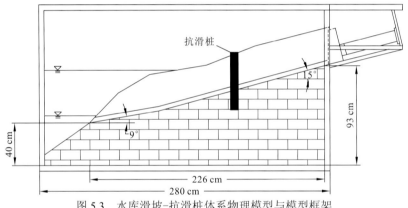

图 5.3 水库滑坡−抗滑桩体系物理模型与模型框架

## 5.2.2 预留桩孔与不同桩间距设计

目前，对于涉及抗滑桩研究的滑坡模型试验，一般均要将抗滑桩植入滑床中，因此若要多次开展试验，每次试验之前都需要破坏原有滑床并重新砌筑，并植入新的抗滑桩。如此操作不仅浪费人力、物力，且会在一定程度上降低试验结果的可对比性。因此，为了解决该问题，本章提出一种在滑床中预留桩孔的设计，桩孔为一系列不锈钢模具，在砌筑滑床时将模具放入，从而形成位于滑床中的预留桩孔。不锈钢模具一共制作了大小相同的两套，一套已砌筑于滑床中，另一套独立于滑床之外。在埋置抗滑桩时，首先在独立于滑床之外的不锈钢模具中预制混凝土，并将抗滑桩在预制混凝土凝固之前置入，制备好后，将预制混凝土与抗滑桩组合取出，放入滑床中的不锈钢模具中。在试验结束后，将预制混凝土与抗滑桩组合拔出即可，而不需要破坏滑床并再次砌筑，因此可以大量节省人力、物力。每套不锈钢模具包括 A 与 B 两种模具类型，尺寸如表 5.1 所示，具体样式与布置形式如图 5.4 所示。

表 5.1　模具尺寸

| 模具名称 | 截面尺寸/cm | 长度/cm | 数量/个 |
|---|---|---|---|
| A | 10.0×12.5 | 40 | 12 |
| B | 16.3×12.5 | 40 | 4 |

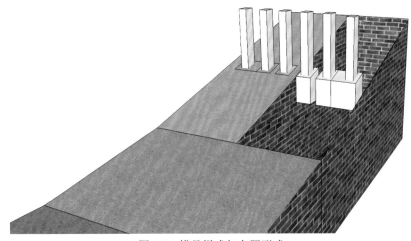

图 5.4　模具样式与布置形式

基于此种预留桩孔设计，试验还可以实现 2.5～6.0 倍不同桩间距布置，具体布置参数如表 5.2 所示。

表 5.2　2.5～6 倍不同桩间距布置

| 截面尺寸/cm | 嵌固段长度/cm | 桩间距设计/ 倍 | 桩间距/cm | 根数 |
|---|---|---|---|---|
| | | 2.5 | 12.5 | 8 |
| | | 3.0 | 15.0 | 6 |
| 5.0×7.5 | 20 | 4.0 | 20.0 | 4 |
| | | 5.0 | 25.0 | 4 |
| | | 6.0 | 30.0 | 4 |

## 5.2.3　相似材料研制

滑坡模型主要由滑体、滑床、滑带的相似材料构成。由于基岩比较稳定，试验中没有对基岩的模型材料进行配比试验，以砖石砌体构筑坡面，以砂浆抹面，并辅以石膏薄层构筑坚固、光滑且透水性较弱的表面。这样构筑基岩的方式与原型相似，且易于实现。曹玲等（2007）指出滑坡地质力学模型相似材料具有低弹性模量、高容重、低黏聚力、低内摩擦角与低渗透系数的特点。根据相似理论，模拟试验采用的模拟材料应与原型在主要的物理力学性质方面有较好的相似性。尝试选择某种材料来满足各项物理力学参数的相似要求是不切实际的，通常的做法是选择一种材料来满足主要力学性质条件，而忽略其他次要因素。

罗先启和葛修润（2008）的千将坪滑坡模型试验的滑体材料配比方案为20%江砂、20%标准砂、59%黏土、1%膨润土，含水率为15.7%，密度为1.75 g/cm³。本章以该配比方案为参考，将标准砂作为容重、渗透系数、黏聚力、内摩擦角的调节材料，具有增大内摩擦角、渗透系数的作用，标准砂也可以作为配重材料；滑体土（过2mm筛分）作为滑体相似材料配比的主体骨料，起黏结剂和调节内摩擦角的作用；膨润土作为影响弹性模量的敏感材料，可以大幅度降低弹性模量、渗透系数和内摩擦角。此外，滑体渗透系数主要通过调整材料的击实功、添加其他材料两种途径实现（徐楚等，2018）。

滑体配比试验将标准砂、滑体土（过2mm筛分）、膨润土作为主要原料（图5.5）。经重复性试验，决定滑体配比材料为62.5%的标准砂、28.5%的滑体土（过2mm筛分）、8%的自来水与1%的膨润土，该含水率既有利于滑坡体的成型，又能保证与实际滑坡体含水率相似（Hu et al.，2019b）。

图5.5 滑体配比材料

由于滑带黏聚力和内摩擦角相对滑体要小，采用玻璃珠（2mm）和滑体土的混合材料来模拟，该材料既能模拟出滑带的透水性质，又能模拟滑带较弱的抗剪强度，符合滑带相似材料的要求。经多次试验，滑带配比方案确定为60%的玻璃珠、32%的滑体土与8%的自来水。为了检验夯击效果，每隔几层用环刀取样，测试了土样的物理力学性能指标，包括重度、抗剪强度参数及渗透系数，其中滑体与滑带相似材料的基本物理力学参数如表5.3所示。

表5.3 滑坡相似材料基本物理力学参数

| 相似材料 | 天然重度 /（kN/m） | 天然状态 | | 饱和状态 | | 渗透系数 /（cm/s） |
| --- | --- | --- | --- | --- | --- | --- |
| | | 黏聚力/kPa | 内摩擦角/（°） | 黏聚力/kPa | 内摩擦角/（°） | |
| 滑体 | 22.1 | 3.9 | 23.8 | 3.51 | 21.42 | $4.52 \times 10^{-3}$ |
| 滑带 | 17.1 | 5.6 | 18.1 | 5.04 | 16.29 | $6.61 \times 10^{-3}$ |

另外，滑体土相似材料的颗粒级配曲线与颗粒级配特征参数如图 5.6 与表 5.4 所示。由表 5.4 可知，滑体土所用材料为级配良好的均粒相似材料。

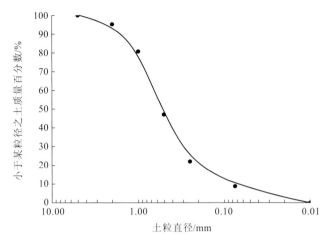

图 5.6　滑体土相似材料颗粒级配曲线

表 5.4　滑体土相似材料颗粒级配

| 限制粒径 $d_{60}$/mm | 平均粒径 $d_{50}$/mm | 中值粒径 $d_{30}$/mm | 有效粒径 $d_{10}$/mm | 不均匀系数 $C_u$ | 曲率系数 $C_c$ |
|---|---|---|---|---|---|
| 0.65 | 0.51 | 0.30 | 0.07 | 9.3 | 1.98 |

## 5.3　物理模型试验加载系统与加载方法

如 5.2.1 小节所述，该模型概化方法为"半模型试验"概化方法，因此试验中采用后缘加载的方法模拟滑坡模型后方的剩余推力。通过逐级增大后缘推力，观察试验过程中滑坡与抗滑桩的受力变形情况。试验加载采用分级加载，加载所用器械为 DTG-20 双作用液压千斤顶。该类型千斤顶结构简单，操作方便，吨位为 20 t，最大行程为 500 mm，控制精度高，能够精确实现分级加载，千斤顶形态如图 5.7（a）所示。千斤顶施加的力通过图 5.7（b）所示的压力传感器和与之配套的显示器获取，传感器测量精度可达 0.05%，能够有效配合千斤顶实现后缘推力的精确加载。

各级加载过程控制因素包括以下三个方面：加载大小 $F_i$、加载时间 $t_{ramp}$ 与维持时间 $t_{hold}$，如图 5.8 所示。加载阶段，推力线性匀速增长，推力增加都在这个阶段完成；维持阶段，滑坡模型后部施加的推力大小维持不变，主要使滑坡模型土体充分吸收推力作用并发生协调变形，待监测数据基本稳定后，再施加下一级荷载。整个试验过程中滑坡后部施加的推力整体呈增长趋势，直至滑坡发生变形破坏。当滑坡下位移的变化斜率突然增大时，判别滑坡发生整体破坏。本章试验各级加载总时长 $t_i$ 为 60 min，其中 $t_{ramp}=30$ min，$t_{hold}=30$ min，每级施加荷载大小为 500 N，设计加载曲线如图 5.9 所示。

（a）千斤顶

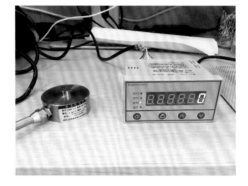
（b）压力传感器

图 5.7　千斤顶与压力传感器

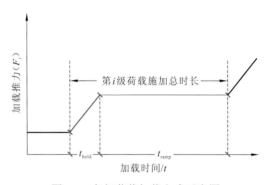

图 5.8　各级荷载加载方式示意图

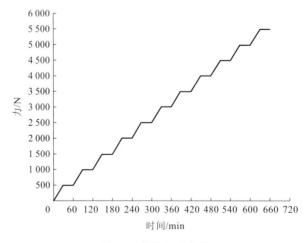

图 5.9　设计加载曲线

## 5.4　水库滑坡−抗滑桩体系模型试验的多场监测内容与方法

### 5.4.1　多场监测内容

水库滑坡是一个由多场构成的综合体系，然而水库滑坡−抗滑桩体系更加复杂，水库滑坡−抗滑桩体系演化过程模型试验多场监测内容主要涉及水库滑坡−抗滑桩体系的渗流场、应力场、应变场、变形场及温度场。其中，体系内部渗流场变化通过沿主滑方向布置的一系列孔隙水压力计监测获得；应力场监测包括后缘加载力与滑坡内部土压力监测，前者通过压力传感器实现，后者则是利用土压力计开展实时记录；应变场监测则为抗滑桩桩身应变的监测；而变形场监测包括滑坡表面与深部位移监测，滑坡表面位移场通过高速摄像技术与三维激光扫描技术共同实现，深部位移则是利用柔性深部位移计的多点监测实现；温度场监测则是通过红外热像技术对滑坡表面进行温度实时扫描与记录。

试验仪器与测量元件主要包括 RIEGL VZ-400 三维激光扫描仪、摄像头与数码相机、自行研发的柔性深部位移计及 H-2630 红外热像仪、TXR 应变式微型土压力计与孔隙水压力计、PFL-10-11-1L 应变片与 DT80G 数据采集仪。

### 5.4.2　多场监测方法

水库滑坡−抗滑桩体系模型试验多场监测布局与方法如图 5.10～图 5.12 所示。

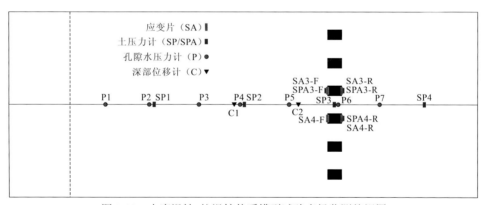

图 5.10　水库滑坡−抗滑桩体系模型试验多场监测俯视图

滑坡表面位移场变形监测通过摄像机与三维激光扫描仪来实现（马俊伟 等，2013）。试验前，在滑坡模型滑坡表面布设球形钉作为试验监测示踪点，以配合摄像机和三维激光扫描仪开展滑坡表面位移精细分析。将摄像机固定于滑坡正上方的支架上，以便垂直拍摄整个滑坡表面的水平方向变形；三维激光扫描仪架设于物理模型正前方，扫描分辨率为 1 mm，每次滑坡表面扫描耗时约 3 min。试验时，首先对初始滑坡模型扫描一次，作为基准点云，三维激光扫描仪被设置成每隔 5 min 扫描滑坡模型滑坡表面一次。处理数据时，可将试验中获得的任意坡面点云与初始基准点云对比，以研究滑坡在某时刻的变形情况。

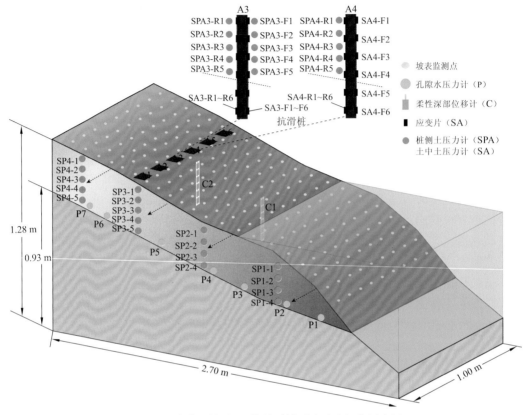

图 5.11　水库滑坡-抗滑桩体系模型试验内部监测布置

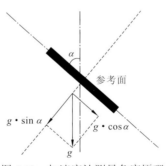

图 5.12　加速度计测量角度原理

滑坡深部位移量测则是通过自主研发的柔性深部位移计（图 5.11 中 C1 与 C2）实现。如图 5.12 所示，以重力加速度 $g$ 为基准，当加速度计的敏感轴与 $g$ 的方向处于非垂直状态时，加速度计的敏感轴上会产生一个与倾斜角度 $\alpha$ 相关的重力分量，只要测量出这个重力分量便可以推算出倾斜角 $\alpha$。

加速度计不能直接获取滑坡体的水平位移，而是通过加速度计测量载体的倾角和倾向，并假设载体在某一有限高度范围 $L_1$ 内的偏转角度近似于同一值，求取长度 $L_2$ 沿倾向和倾角在水平面的投影即滑坡体的水平位移。测量过程为多测点固定测量，测量装置无运动，管道轴线上的位置直接通过预设的测量单元间距 $L_3$ 来推算，不需要额外的测量。

该装置能够满足大变形监测需求，并且可重复回收利用。该系统能够通过拉线的形态信息反演垂直测线方向的位移，从而实现深部岩土体的位移监测（张永权，2016）。

整个深部位移量测仪器包含柔性探头、控制器（图 5.13）和 PC 端软件。柔性探头由若干个重力加速度测量单元通过 485 总线连接成一个柔性的条带；控制器用来给柔性探头供电，控制采样，以及与 PC 端软件建立通信连接；PC 端软件的功能是对采集的数据进行处理并绘制出深部位移的形状。试验监测布置一共包含 2 条柔性深部位移计。

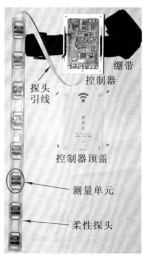

图 5.13　深部位移量测仪器探头和控制器

桩及桩周土温度变化情况通过红外热像仪监测实现。红外热像仪是通过非接触探测红外能量（热量），并将其转换为电信号，进而在显示器上生成热图像和温度值的一种检测设备。土体在外力持续作用下会发生变形直至破坏，土体发生应力集中后容易诱发微破裂，同时伴随有声、电、磁、振动等信号的产生。物理模型试验中对滑坡体进行加载时，滑坡土体会不断变形与破坏，此过程中伴随有能量的积累与释放，而且应力越大，所产生的红外辐射就越强，在红外热像仪中就显示为局部温度相对升高。随着后缘荷载的不断增大，抗滑桩及其周围土体应力状态也在不断发生改变，通过红外热像仪可以捕捉到桩周附近温度变化情况，为从温度场角度分析水库滑坡-抗滑桩体系的演化特征提供依据。

试验渗流场监测通过由前至后布置于滑坡中轴线附近的 7 个孔隙水压力计实现。孔隙水压力计均水平放置并埋设于滑带之中，试验开始之前均经过统一标定与清零。

试验土压力计监测通过由前至后埋设于滑坡体内的 33 个土压力计实现。每个土压力计均竖立埋置，同一位置多个土压力计垂直埋设，间距保持在 5～7cm。其中，18 个土压力计埋设于中轴线附近，另外 15 个土压力分别埋置于 A3 桩与 A4 桩的桩后用以量测桩前、桩后土压力，桩后土压力计与桩间土压力计配合使用可以用来探究土拱效应。

抗滑桩受力变形监测通过粘贴于桩前、桩后的应变片实现。抗滑桩悬臂段与嵌固段分别设置应变片 4 个和 2 个，获得抗滑桩应变后通过计算可以得到抗滑桩弯矩、剪力与桩身挠度，以描述试验过程中抗滑桩受力变形特征。水库滑坡-抗滑桩体系模型试验监测布局以及监测侧视图见图 5.14 和图 5.15。

图 5.14　水库滑坡−抗滑桩体系模型试验监测布局

①为上部摄像机；②为水下摄像机；③为侧面相机；④为红外热像仪；⑤为液压千斤顶；⑥为应变片；
⑦为进出水装置；⑧为坡表监测点；⑨为应变片、土压力计与孔隙水压力计埋线

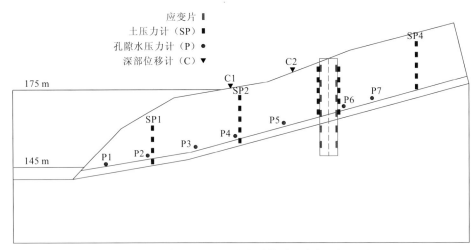

图 5.15　水库滑坡−抗滑桩体系模型试验监测侧视图

第 6 章

# 基于原型试验的水库滑坡-抗滑桩体系多场特征研究

# 6.1 典型滑坡多场特征监测分析

水库滑坡是一个由渗流场起主导作用,应力场、变形场等随之发生动态响应的复杂多场系统,在采取抗滑桩等防治措施后,水库滑坡的受力状态变得更为复杂,其多场响应特征也必然会发生变化。马家沟滑坡−抗滑桩体系多场监测平台(Zhang et al.,2018;张玉明,2018)已于 2012 年全面建设完成,迄今为止已经连续进行了多个水文年的监测工作,获取了包括滑坡渗流场、位移场、应力场等的大量监测资料,以及试验桩桩身应力场和应变场的监测信息。接下来从水库滑坡多场演化的角度入手,研究库水位波动作用下滑坡体内渗流场的演化规律,揭示在渗流场主导作用下的滑坡多场响应特征。

## 6.1.1 滑坡渗流场演化特征

基于 Jc1、Jc3 和 Jc8 三个综合监测孔测得滑坡不同部位地下水位,其与库水位和降雨量随时间的变化曲线如图 6.1 所示。图 6.1 选取了 2012 年 9 月~2016 年 3 月综合监测孔地下水位监测数据进行分析。由图 6.1 可以看出,三个监测孔的地下水位变化对库水位波动具有明显的动态响应规律。降雨主要发生在库水位下降和低水位稳定运行阶段,因为汛期时当地每月降雨量均小于 300 mm,并且降雨有很大一部分汇集成地表径流并未渗入滑坡体内,所以基本可以认为降雨对于地下水位的影响很小。

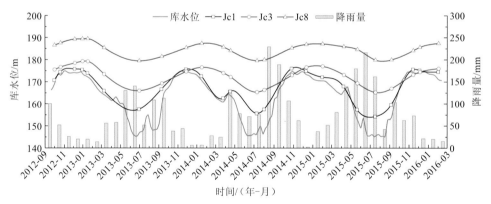

图 6.1 滑坡地下水位、库水位及降雨量随时间的变化曲线

由图 6.1 可以看出,Jc1 钻孔地下水位与库水位几乎同步升降,钻孔最高水位为 175.9 m,与库水位十分接近。由 4.1 节可知,滑坡覆盖层主要为碎石土等崩塌积物,渗透性好,而且该钻孔与水库距离很近,所以能够同步响应库水位的变化。但当库水位下降至 145 m 时,该钻孔水位最低降到了 154.2 m,地下水位波动幅度为 21.7 m。Jc1 钻孔标高 178 m,该钻孔资料显示,此处滑坡覆盖层厚度约为 20 m,即大约 158 m 地层开始进入基岩。基岩为侏罗系泥质砂岩夹粉砂质泥岩,渗透性较低,使得该钻孔处的地下水位响应受到抑制。

Jc3 钻孔水位对库水位波动也有明显的动态响应规律,但在响应时间上有明显的滞后。相较于库水位与 Jc1 钻孔水位，Jc3 钻孔水位开始下降的时间滞后了 1～2 个月。地下水位变化范围相对于滑坡前缘钻孔小，钻孔地下水最高水位可达到 179.3 m 左右，最低水位约为 165.8 m，波动范围位于基岩内，波动幅度约为 13.5 m。

Jc8 钻孔水位与 Jc3 钻孔具有同步的响应规律，对库水位的响应有大约 2 个月的滞后时间。此处地下水最高水位可达到 189.3 m 左右，最低水位约为 179.5 m，波动范围位于基岩内，波动幅度约为 9.8 m。

根据地下水位的监测结果可以看出，地下水位变化规律每年较为一致，假设后缘坡体深处的水头固定不变，大致可以推测出马家沟滑坡地下水位随库水位波动的动态演化规律有如下几点：①在库水位上升期间，前缘地下水位上升速度最快，中后部水位上升速度较慢，但在开始上升的时间上前缘与中后部基本一致；②当库水位上升至 170 m 左右时，库水位和前缘地下水位开始高出中部地下水位，说明中后部地下水位由于上升速度较慢而出现滞后；③当库水位上升至 175 m 时，前缘地下水位与库水位持平，而中部地下水位仍处于 175 m 以下，此时中后部水位仍处于上升状态；④在库水位开始下降时，前缘地下水位迅速同步开始下降，而中后部地下水位出现明显的滞后现象，并继续保持上升大约 2 个月的时间然后才开始下降；⑤库水位下降至 145 m 时，前缘地下水位同步停止下降，并稳定在 155 m 水位左右，而中后部地下水位仍处于滞后的下降状态，在 1～2 个月后达到最低值。

## 6.1.2　滑坡地表位移场演化特征

### 1. 滑坡 GPS 地表位移监测结果

试验桩植入以后，滑坡表面 GPS 监测点 H01、H02 和 H04 的位移量、位移速率、降雨量和库水位随时间的变化关系如图 6.2 所示。

根据位移量及位移速率曲线发展规律，将监测时间段内滑坡的变形演化过程分为三个阶段：第一阶段为试验桩设置以后的 2012 年 10 月～2014 年 2 月，该时间段内滑坡位移时间曲线呈平稳的线性增长趋势，中部滑体（H01、H02）平均变形速率为 0.10～0.25 mm/d，受到周期性库水位下降和强降雨作用影响时仅有微小起伏。相比于设试验桩之前，滑坡变形对于降雨量和库水位波动作用的响应明显减小，其主要原因很可能是 2013 年降雨量较少，另外试验桩也起到了局部的阻滑效果。第二阶段在 2014 年 2 月～2015 年 2 月，该时间段内滑坡位移曲线受到周期性因素影响出现突变，相应地，位移速率曲线也出现两个小波峰，第一次发生在 2014 年 5 月，主要受强降雨与库水位下降联合作用的影响，第二次发生在 2014 年 9 月，极有可能受到了当时连续暴雨天气的影响。第三阶段，滑坡变形对于外界周期性因素的响应更为明显，在库水位下降和强降雨的共同作用下，滑坡位移速率波峰出现在 2015 年 7 月，可达到 1.0 mm/d，位移曲线也恢复了明显的阶跃型特征。

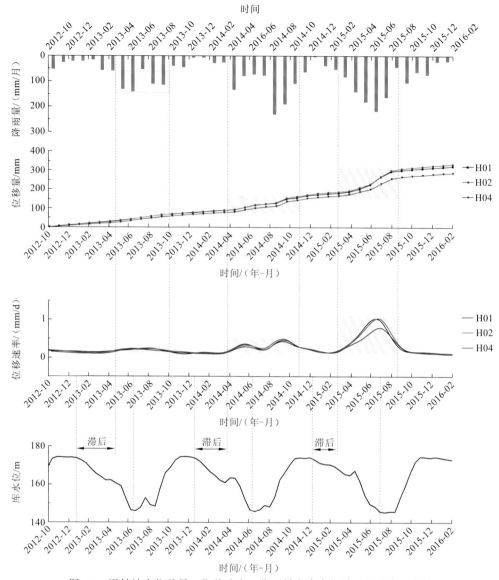

图 6.2　滑坡地表位移量、位移速率、降雨量和库水位随时间的变化曲线

此外，滑坡中、后部在变形量值上的差异性也有所减小。在试验桩布设之前，后缘滑体（G04）累计位移量仅为中部滑体（G01）的 41%，并且变形突变时间滞后于中部 2 个月左右，变形量和变形突变时间均存在空间差异性。而布设试验桩以后，后缘滑体（H04）累计位移量约为中部滑体（H01）的 87% 且变形时间基本同步，差异性明显减小，说明滑坡中部和后部发生了较为一致的整体变形。

### 2. 滑坡表面沟槽光纤监测结果

选取了 2012 年 11 月～2014 年 7 月的七次滑坡表面光纤应变监测数据进行分析，如图 6.3、图 6.4 所示，分别为两条光纤测线 SL1、SL2 的应变监测结果。由图 6.3、图 6.4

可以看出，在测线 SL1 129～135m 处与测线 SL2 55～58m 处，存在显著的变形异常区域，根据平面图，该位置对应的正是马家沟滑坡的右侧冲沟发育位置，即滑坡变形的北侧边界，应变监测数据显示在马家沟滑坡侧边界处发生了显著的剪切变形，这充分证实了滑坡右侧冲沟正是滑坡北侧边界。

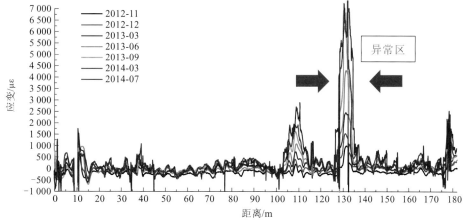

图 6.3　滑坡表面光纤 SL1 应变监测曲线

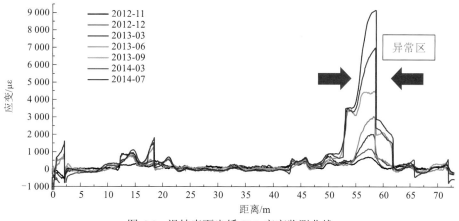

图 6.4　滑坡表面光纤 SL2 应变监测曲线

### 6.1.3　滑坡深部位移场演化特征

滑坡深部位移场监测工作于 2013 年 1 月开始，选取了具有代表性的五个监测孔（Jc1、Jc4、Jc5、Jc6、Jc8）进行分析。其中，Jc1 和 Jc8 仅监测时间截至 2014 年 8 月，是因为当时滑坡区受到连降暴雨灾害天气影响变形加剧，致使 Jc1 和 Jc8 钻孔在深层滑面处发生弯折破坏。其他桩周附近的监测孔由于桩身抗剪作用未发生破坏，仍可继续工作。由图 6.5 深部位移监测曲线可以看出：

（1）各测斜孔深部位移曲线均显示在基覆界面处有较小的变形存在，说明该处存在一层变形量较小的滑动面，定为滑面 S1。

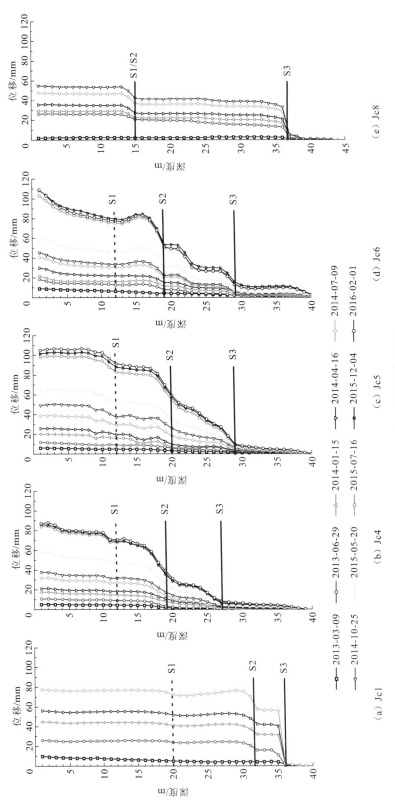

图 6.5 滑坡深部位移监测曲线

（2）前缘监测孔 Jc1 和中部测斜孔 Jc8 均在地表以下 36～37m 处出现明显的剪切位移，说明该处为滑坡的深层滑面 S3，Jc1 和 Jc8 正是在此滑面发生了剪切错断。

（3）桩周测斜孔 Jc4、Jc5、Jc6 均未发生明显的剪切错动，但是却在地表深度以下 22m 和 29m 左右出现两处弯折变形，这与通过桩孔揭露的滑带位置基本一致，可证实之前对试验桩处存在两个深层滑面的推测。因为设桩处覆盖层厚度较薄，相对于 Jc1 和 Jc8 滑面深度应较浅，所以可以判定设桩位置在深度 29m 处为滑面 S3，深度 22m 处为滑面 S2。

（4）前缘 Jc1 钻孔在滑面 S1 与 S3 之间深度 32m 处存在明显剪切错动，推测为滑面 S2，中后部监测孔 Jc8 在滑面 S1 与 S3 未发现剪切错动，但 S1 滑面剪切位移量明显大于滑坡中前部其他位置的监测孔，推测 S2 滑面在 Jc8 处已经并入 S1 滑面，从而导致位移量增加。

（5）根据曲线剪切错动情况可看出，深层滑面 S3 的剪切位移量明显大于滑面 S1 与滑面 S2 的剪切位移量，说明滑坡目前以深层滑面的运动为主。

（6）由于试验桩的抗剪作用，桩周的测斜孔并未如 Jc1 和 Jc8 测斜孔一样在滑面处发生剪切错动，而是发生弯折变形。其中，B 桩的桩前测斜孔 Jc6 的位移量较桩后测斜孔 Jc4 的变形量大，而且在进行现场监测工作时 Jc6 测斜孔晃动较大，说明桩前滑体有向前滑动的趋势，稳定性较差。

综上可知，马家沟滑坡存在三层滑面：位于基覆界面处的浅层滑面 S1，在滑坡中前部变形量较小，但在滑坡中后部变形量增大；发育于基岩软弱层内的深层滑面 S2 和 S3，具有明显的剪切位移，桩周测斜孔由于抗滑桩的抗剪作用而转为弯折变形，滑面 S3 为滑坡的主滑面。

图 6.6 为测斜孔孔顶位移-时间曲线，其位移增长趋势与图 6.2 滑坡地表位移-时间曲线增长趋势较为一致，在时间上基本吻合，即当深部发生变形时，地表也发生变形，但地表位移较深部位移更为强烈。前缘 Jc1 测斜孔的变形量最大，而滑坡中部 Jc8 测斜孔处变形量稍大于桩周测斜孔的变形量。滑坡前缘滑体位移量大于中后部滑体，整体运动形式为牵引式。

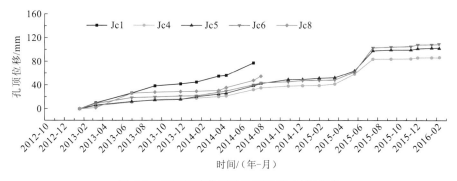

图 6.6　深部位移监测孔孔顶位移-时间曲线

## 6.2 试验桩受力变形特征监测结果

### 6.2.1 试验桩钢筋受力特征

试验桩主受力筋轴力监测结果如图 6.7 所示，A 桩与 B 桩主受力筋轴力分布形式相似，在三层滑面上下位置呈现出三个三角形分布。其中，最上面的三角形轴力为负值，下面两个三角形轴力为正值，根据轴力计的符号定义，拉力为正、压力为负，说明试验桩主受力筋在上三角形范围为受压区，而在下面两个三角形范围为受拉区。由于试验桩主受力筋设置于桩身后侧（阻挡滑坡推力一侧），根据其受力状态可以看出，试验桩在 12~20 m 向后侧弯折，而在 20~33 m 分为两段向前侧弯折。

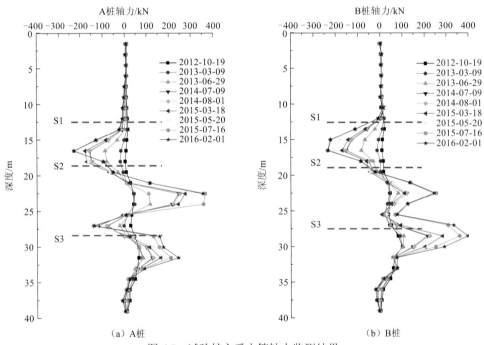

图 6.7　试验桩主受力筋轴力监测结果

两根试验桩极值点的位置、大小相近，均出现在滑面附近位置。A 桩在上三角形的轴力极值点为-230.8 kN，下面两个三角形轴力极值点为 364.3 kN 与 242.9 kN，B 桩上三角形的轴力极值点为-236.9 kN，下面两个三角形轴力极值点为 253.8 kN 与 397.8 kN。上三角形的压应力均大于下面两个三角形的拉应力，但是因为试验桩配筋时，在 20~35 m 的主受力筋的配筋率是其他位置的两倍，所以桩身实际轴力计算时应将 20~35 m 的轴力计监测值乘以二。

根据 6.1 节深部位移监测结果确定了试验桩处三条滑动面的位置，与轴力计监测曲线对比可以看出，上三角形受压区位于滑面 S1 与 S2 之间，这说明滑面 S1 以上深度内的滑坡推力小于桩前抗力，从而造成试验桩向后侧反压。试验桩后侧受力筋在滑面 S3

的上下范围内主要受拉应力作用，说明 S3 以上的滑坡推力大于桩前抗力，这也从桩身受力的角度证明了 S3 是滑坡的主滑面。

## 6.2.2　试验桩桩身应变特征

试验桩桩后侧应变感测光纤的监测结果如图 6.8 所示，两根试验桩的桩后应变规律基本一致，均在三条滑面附近出现应变极值点。其中，浅层滑面 S1 下方 13.2～17.5 m 深度为压应变集中区，深层滑面 S2 附近深度 20.3～24.6 m 处与 S3 滑面附近深度 27.5～31.2 m 处为拉应变集中区，这与钢筋轴力监测所反映的桩身受力状态相吻合。

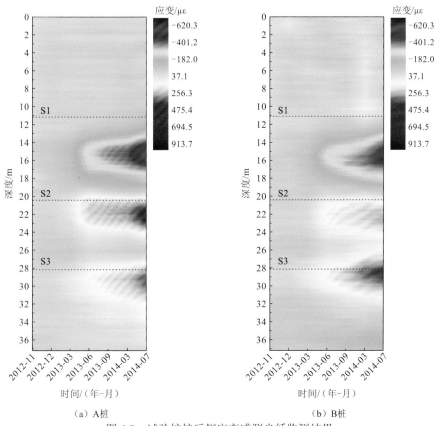

（a）A桩　　　　　　　　　　　　　（b）B桩

图 6.8　试验桩桩后侧应变感测光纤监测结果

试验桩桩身混凝土应变计的监测结果如图 6.9 所示，其分别为两根试验桩桩身前、后侧保护层应变曲线，可以看出两根试验桩桩身前、后侧应变分布形态相似，并且桩前与桩后的应变基本对称。与钢筋轴力监测曲线一样，桩身应变也呈现出三个三角形分布形态。其中，A 桩在 11.0～19.5 m 桩前为拉应变集中区，桩后为压应变集中区，峰值出现在 16.5 m 处，桩前拉应变峰值为 471.1 με，桩后压应变峰值为-400.2 με；在 19.5～37.0 m 桩前为压应变集中区，桩后为拉应变集中区，峰值出现在 22.5 m 和 31.5 m 处，桩前压应变峰值分别为-745.0 με 与-666.2 με，桩后拉应变峰值分别为 628.6 με 与 567.0 με。

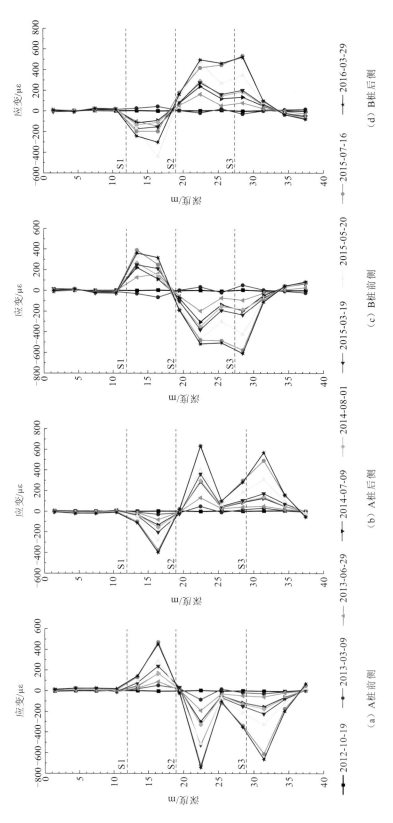

图 6.9 试验桩桩身前、后侧应变曲线

B 桩在 11.0～18.8 m 桩前为拉应变集中区，峰值出现在 13.5 m 处，峰值为 388.3 με，桩后为压应变集中区，峰值出现在 16.5 m 处，峰值为-442.7 με；在 18.8～34.0 m 桩前为压应变集中区，桩后为拉应变集中区，峰值出现在 22.5 m 和 28.5 m 处，桩前压应变峰值分别为-520.1 με 与-611.7 με，桩后拉应变峰值分别为 492.86 με 与 518.4 με。

综上可以看出，通过光纤和应变计监测两种方法得到的试验桩桩身应变结果十分一致，这也证实了两种监测方法的可靠性。桩身应变分布与钢筋轴力分布形态相似，但是在数值上桩身下半段的应变绝对值大于上半段，与钢筋轴力规律不符。这主要是因为桩身下半段的配筋率高于上半段，从而导致试验桩钢筋轴力计在下半段的绝对值小于上半段。

## 6.2.3　试验桩变形特征

为了进一步研究试验桩的变形情况，基于弹性梁弯曲理论式（6.1）及平面内曲率与挠度关系方程式（6.2）可以通过桩身纵向的应变数据推算试验桩的挠度曲线 $w(z)$。其原理为弹性梁弯曲理论：根据式（6.1）求出桩身曲率，根据式（6.2）对桩身曲率进行二次积分后获取挠度曲线 $w$（z）。

$$\frac{1}{\rho} = \frac{M}{EI} = \frac{\varepsilon_{up} - \varepsilon_{dn}}{a} \tag{6.1}$$

$$\frac{1}{\rho} = \pm \frac{w''}{(1 + w'^2)^{3/2}} \tag{6.2}$$

式中：$\rho$ 为桩身曲率；$M$ 为抗滑桩弯矩；$EI$ 为抗滑桩抗弯刚度；$\varepsilon_{up}$ 为监测截面处桩后应变值；$\varepsilon_{dn}$ 为监测截面处桩前应变值；$a$ 为监测截面上两应变计间的距离，其值为 1.8 m。

在式（6.2）中，因为 $w'$ 远小于 1，可以被忽略不计，所以 $w$ 的挠度方程可以转换为式（6.3），并经过双重积分得到式（6.4）：

$$w'' = \frac{\varepsilon_{up} - \varepsilon_{dn}}{a} \tag{6.3}$$

$$w = \int dz \int \frac{\varepsilon_{up} - \varepsilon_{dn}}{a} dz + C_1 z + C_2 \tag{6.4}$$

式中：$z$ 为应变计到桩底的距离，其中在桩底处 $z$ 取值为 0，在桩顶处 $z$ 取值为 40 m。

假定桩底嵌固稳定，根据边界条件设桩底的挠度和曲率为 0，代入式（6.4）中可消去 $C_1$ 和 $C_2$，然后求解二次积分即可得到挠度 $w$。

根据上述方法推导得到桩身挠度曲线如图 6.10 所示，可见 A 桩在深度 32 m 以下、B 桩在 28 m 以下基本未发生挠曲变形。这可能是因为 B 桩位置处的深层滑面稍高于 A 桩位置处的滑面，这也与桩后的深部位移监测孔揭示的地层变形结果一致。

两根桩均在深层滑面 S3 附近处开始顺坡向弯曲变形，在 22 m 处的滑面 S2 位置也出现了顺坡向的弯曲变形，并且可以看出，抗滑桩在深层滑面 S3 处的弯曲量要大于滑面 S2 处的弯曲量。此外，桩体在浅层滑面 S1 下方深度 15～17 m 处有反弯的迹象，但两根桩的反弯量远小于桩体下端的弯曲量。截止到 2016 年 2 月，在桩顶位置处 A 桩发生的挠度约有 13.3 cm，B 桩约有 10.1 cm。

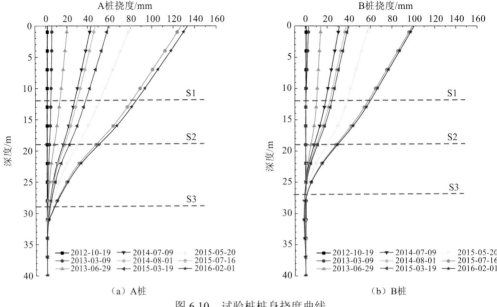

（a）A桩　　　　　　　　　　　（b）B桩

图 6.10　试验桩桩身挠度曲线

为研究试验桩与周围滑体的变形关系，将试验桩桩顶挠曲累计变形按时间绘制成曲线（图 6.11），其发展趋势与测斜孔孔顶位移-时间曲线（图 6.6）有较好的一致性，即滑体发生位移突变时试验桩也发生突然变形，而滑体保持稳定时试验桩的变形也停止发展，说明试验桩与周围滑体发生了协同变形。

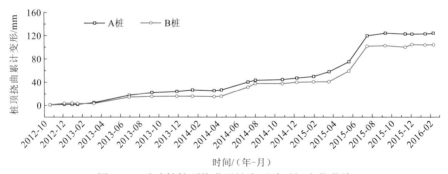

图 6.11　试验桩桩顶挠曲累计变形随时间变化曲线

## 6.2.4　试验桩弯矩计算

抗滑桩的弯矩不能直接获取，但可以通过桩身的钢筋轴力、桩身应变和位移等监测数据推算。本章采用钢筋计监测到的钢筋轴力计算抗滑桩监测截面处的桩身弯矩（申永江 等，2009），其基本思路是认为受拉区混凝土已受拉开裂且无法承受拉应力，拉应力将完全由受拉区的钢筋承担，同时将受压区混凝土压应力转化为等效矩形应力，从而可以采用混凝土结构设计中的受弯构件截面极限承载力计算公式计算截面弯矩，计算简图如图 6.12 所示。

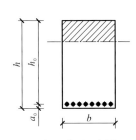
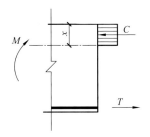

（a）矩形截面示意图　　　　　　（b）抗滑桩受力示意图

图 6.12　矩形截面悬臂抗滑桩弯矩计算示意图

$a_0$ 为钢筋中心到混凝土截面底部高度

抗滑桩截面弯矩计算公式为

$$T = C = a_1 f_c bx \tag{6.5}$$

$$M = a_1 f bx \left( h_0 - \frac{x}{2} \right) \tag{6.6}$$

式中：$T$ 为受拉区钢筋拉力；$C$ 为受压区混凝土压力；$f_c$ 为混凝土轴心抗压强度；$a_1$ 为受压区混凝土矩形应力图应力值与轴心抗压强度设计值比值，取值为 1.0；$b$ 为截面宽度；$x$ 为等效矩形应力图下受压区高度；$h_0$ 为截面有效高度；$M$ 为抗滑桩截面弯矩。

假设每根受拉侧钢筋受力是一致的，利用钢筋计监测的轴力，通过式（6.5）和式（6.6）即可求得钢筋计所在截面处的弯矩。

对于常规抗滑桩来说，单层滑面的滑坡抗滑桩弯矩最大值一般位于桩后滑面以下，并且桩身仅有单个极值点，仅出现正弯矩而并无负弯矩。由上述方法得到的桩身弯矩随深度的变化曲线如图 6.13 所示，可以看出，桩身弯矩共出现三个极值点，分别为两个正弯矩极值点和一个负弯矩极值点。这说明多层滑面的滑坡会造成抗滑桩的弯矩出现多个极值点，其桩身弯矩值正负属性与弯矩分布取决于层间的相对运动情况。马家沟滑坡主滑面为深层滑面 S3，次级滑面 S2 也有相对 S3 滑面向前运动的趋势，所以在 S3 和 S2 滑面附近均为正弯矩分布。而滑面 S1 相对于滑面 S2 和 S3 有向后运动的趋势，所以在此处主要分布负弯矩。此外，弯矩极值点与桩身应变极值点位置相同，说明在弯矩最大处桩身变形也最大。

## 6.2.5　桩周土压力特征

A 桩桩前、桩侧与桩后的土压力随深度的变化曲线如图 6.14 所示，可以看出，桩前、桩后的土压力在深度 0～20 m 处变化幅度较小，这说明滑坡在浅层滑面 S1 以上的变形较小，桩土间的相互作用力较小。桩侧土压力在深度 0～20 m 处及桩前土压力在深度 0～27 m 处都存在大量的负值，说明土压力盒在初次埋设记录读数以后接触力减小，这是因为植入试验桩以后，库水位的波动使得滑坡前部发生牵引式变形，从而滑坡桩前侧滑体有向前移动的趋势，使得试验桩与桩前土体和桩侧土体发生脱离。桩前、桩后及桩侧的土压力在深度 20～40 m 呈现出三角形分布。

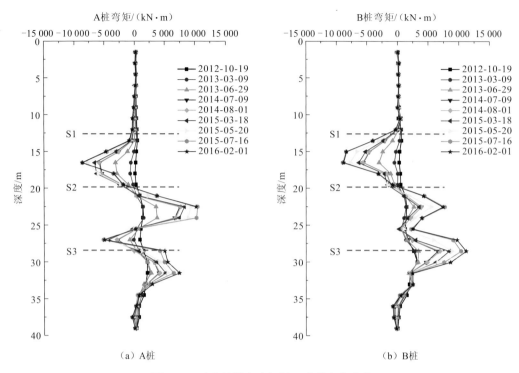

图 6.13 试验桩桩身弯矩随深度的变化曲线

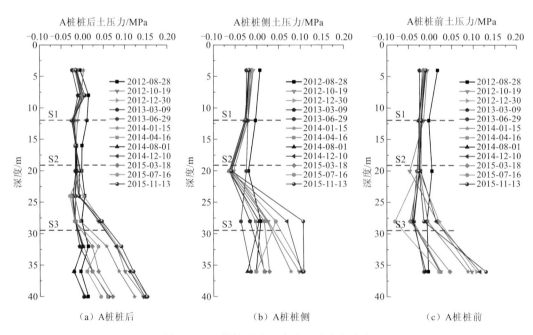

图 6.14 A桩桩周土压力随深度变化曲线

由图 6.15 试验桩 A 桩桩后不同深度土压力随时间的变化曲线可以看出，深度 0～20m 处土压力值变化较小，而深度 20～40 m 处桩后土压力均随着库水位波动而发生同步变化，6.1 节地下水位监测结果已经表明了地下水位与库水位波动之前的紧密关系，这也说明了土压力盒监测到的压力值极有可能是地下水位产生的静水压力。因此，土压力盒与试验桩之间很有可能存在空隙，初步分析其原因是在土压力盒布置时，采取了挖侧壁坑埋设土压力盒的方法，导致在桩体浇筑后桩体未与土压力盒形成紧密接触。

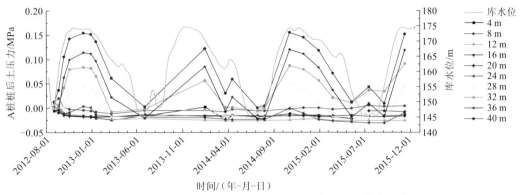

图 6.15　试验桩 A 桩桩后不同深度处土压力随时间的变化曲线

虽然在 0～20 m 埋深处土压力值变化幅度较小，但仍可以看出个别接触较好的土压力盒测值存在规律性增长。例如，深度在 8 m 和 20 m 位置的土压力盒，其土压力值曲线随时间呈现出缓慢的阶跃性增长，与滑坡变形增长相同，其土压力的增长发生在库水位下降时段，这可以说明滑坡在加速变形时，桩后土压力也是阶跃性增长的。

## 6.3　水库滑坡–抗滑桩体系协同变形破坏模式

### 6.3.1　滑坡滑动面确定及其运动模式

根据 6.1 节的桩孔揭露与现场试验的深部位移监测结果，已经基本确定了三层滑动面的空间位置展布与运动模式，如图 6.16 所示：浅层滑面 S1 位于滑坡基覆界面处，变形量较小，平均深度在地面以下 10～20 m；发育在基岩内的深层滑面 S3 位于滑坡深部的紫红色泥岩软弱夹层处，平均深度在 28～36 m，该滑面是马家沟滑坡的主滑面，运动速度和剪切变形量最大；发育于滑坡这两层滑面之间的滑面 S2 同样位于基岩内的软弱夹层，但是在钻孔 OFS1 和 Jc8 处并未监测到该滑面所在处的剪切错动，所以认为该滑面极可能与砂岩内部发育的竖向节理连接贯通，在滑坡前部并入滑面 S3，在滑坡中后部并入滑面 S1。

### 6.3.2　滑坡启动变形过程分析

马家沟滑坡于 2003 年三峡水库首次蓄水后的三个月内出现明显变形，后缘产生拉张裂缝 C1，这说明马家沟滑坡的启动是与三峡水库蓄水存在直接因果关系的。根据 4.1 节

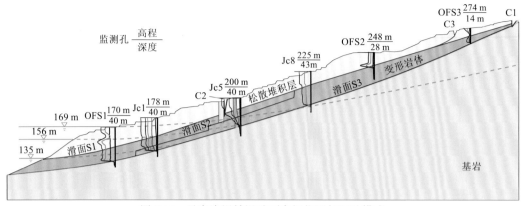

图 6.16　马家沟滑坡滑动面空间位置与运动模式

工程地质调查分析，可以推断出，水库蓄水后，滑坡内地下水位随之抬升，从而直接导致滑面浸水部分产生水致劣化效应，使得滑坡中前部抗剪强度减小，从而发生整体失稳变形。虽然已经可以基本确定三层滑动面的空间位置，但是三层滑面的启动顺序和启动时间仍不明确，究竟是滑面 S1 还是滑面 S3 导致了滑坡的启动和后缘拉张裂缝的产生，这仍需要进一步考证分析。

　　为了查明各层滑动面启动顺序并揭示滑坡启动与变形过程，采用历史调查法将马家沟滑坡的变形过程与三峡水库的蓄水过程按时间顺序进行整理（图 6.17），可以得出以下几点结论。

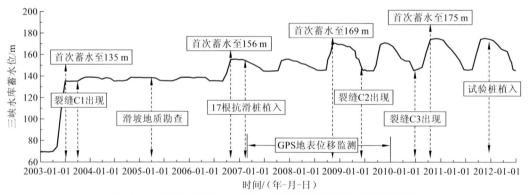

图 6.17　三峡水库蓄水与马家沟滑坡启动变形过程时间线索

　　（1）2003 年 6 月［图 6.18（a）］，三峡水库首次蓄水至 135 m，随后在保持 135 m 蓄水位的三个月内，马家沟滑坡启动，产生后缘拉张裂缝。根据滑坡工程地质剖面图可以看出，135 m 的蓄水位刚刚达到浅层滑面 S1 的前缘剪出口位置，尚不足以影响滑面 S1，所以可以排除 S1 滑面首先启动的可能。对于 S3 滑面来说，水库蓄水 135 m 后，三个月内地下水位随之上升到一定高度，该滑面前部很大一部分位于地下水位以下，使滑面 S3 的泥岩软弱面发生浸泡软化。这说明马家沟滑坡是在水库首次蓄水后，由主滑面 S3 在深部启动的，并且该滑面极有可能是马家沟古滑坡的滑动面，受到水库蓄水的影响后再次被激活。

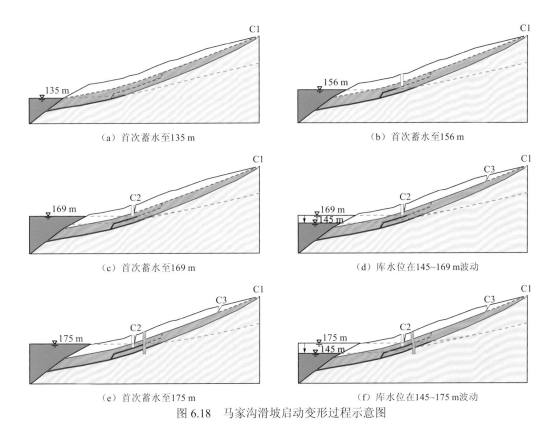

（a）首次蓄水至135 m　　　　　　　　（b）首次蓄水至156 m

（c）首次蓄水至169 m　　　　　　　　（d）库水位在145~169 m波动

（e）首次蓄水至175 m　　　　　　　　（f）库水位在145~175 m波动

图 6.18　马家沟滑坡启动变形过程示意图

2005 年 3 月，在进行马家沟滑坡野外地质勘查时，通过钻孔和竖井手段首先发现了浅层滑面 S1。当时地质调查的钻孔深度为 25 m，在此深度内未发现基岩内存在滑面，也未考虑到还存在更深层滑面的可能性。

（2）2006 年 10 月［图 6.18（b）］，三峡水库首次蓄水至 156 m，而在 2007 年 2 月进行了 17 根工程抗滑桩的施工。根据工程地质剖面图可以看出，水库蓄水至 156 m 后，滑面 S2 已有很大部分浸润在地下水位以下，由于其软弱泥岩夹层的地层条件，受地下水浸泡影响该滑面抗剪强度势必会减小。

（3）2008 年 11 月［图 6.18（c）］，三峡水库首次蓄水至 169 m，由工程地质剖面图可以看出，抗滑桩桩底恰好位于滑面 S2 附近（根据试验桩桩孔揭露和深部位移钻孔揭示），此时桩底位于地下水位以下。2009 年 6 月库水位降至 145 m，随后抗滑桩桩后裂缝 C2 出现。这说明滑坡在库水位下降作用下发生了加速变形，直接导致抗滑桩随桩前滑体沿 S2 滑面共同滑移，使得抗滑桩与桩后滑体形成了贯通的拉张裂缝。这说明滑面 S2 的下半部分已经启动。

（4）2009 年 6 月［图 6.18（d）］，库水位第二次由 169 m 降至 145 m，此时滑坡后部裂缝 C3 出现，而桩后裂缝 C2 则继续扩张，这说明滑面 S2 继续向后发展，并由基覆界面处延伸至地面，这说明滑面 S2 的上段已经启动。

通过以上现场调查和历史线索分析，可以确定出深层滑面 S3 和 S2 的启动时间，其诱发原因均是水库蓄水到一定高程使滑坡内软弱层受到地下水的浸泡作用而发生软化效应，而滑面 S1 由于其变形量较小，没有明显的时间对应关系，其启动时间目前还难以判断。

2010 年 10 月三峡水库首次蓄水至 175 m[图 6.18（e）]，2011 年在马家沟滑坡进行了现场试验并植入试验抗滑桩[图 6.18（f）]，深部位移监测结果显示试验桩对桩周土体起到了局部的抗滑作用，但是在周期性的库水位波动作用下，试验桩不足以承受循环荷载，也难以阻挡整个滑坡的运动趋势，从而随滑坡体发生协同变形破坏。

### 6.3.3 试验桩受力变形模式分析

根据试验桩桩周深部位移曲线及试验桩监测结果，对试验桩进行受力状态及其变形模式的分析。由于桩数较少，抗滑承载能力不足，试验桩桩体表现为柔性桩的特点，变形模式主要为沿深层滑面的弯曲变形。为研究桩体剪力分布，对试验桩弯矩进行求导计算，从试验桩 B 桩三个时间点的剪力分布图（图 6.19）可以看出试验桩的受力特征如下：

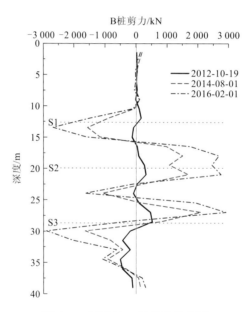

图 6.19　试验桩 B 桩剪力分布图

（1）在试验桩初始植入后一段时间，桩体在三层滑面以上均受到类三角形分布的推力，其中滑面 S3 处推力最大，滑面 S1 处推力最小，在三层滑面以下均受到桩前抗力作用。

（2）随着时间的推移，试验桩受力发生弯曲变形后，滑面 S1 以上的推力减小甚至消失，滑面 S1 以下的桩前抗力显著增加；滑面 S2 的桩后推力显著增加，并在滑面 S2 以下出现桩前抗力；滑面 S3 处的桩后推力和桩前抗力均有明显的增加。

综上，可以确定滑坡与试验桩的协同变形破坏模式及试验桩受力状态，如图 6.20 所示，图中 $Q_1$、$Q_2$、$Q_3$ 分别为滑面 S1、S2、S3 上的滑体推力集中荷载，而 $P_1$、$P_2$、$P_3$ 分别为对应滑面以下的桩前抗力集中荷载，$P_d$ 为试验桩嵌固段桩底的反力。由于工程桩在试验桩前方且位置较近，工程桩对滑面 S1 具有阻滑效果，不可避免地会影响试验桩位置处 S1 滑面的变形。而滑坡深层滑面 S2 和 S3 的剪切变形较大，使得桩身在两滑面处发生弯曲变形。随着时间的推移，桩身向前弯曲变形挤压桩前土体，但由于受到了工程桩的阻挡，试验桩上段在滑面 S1 处受到 $P_1$ 的抗力而发生反弯。

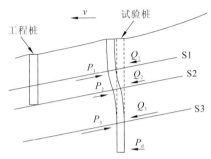

图 6.20　滑坡与试验桩协同变形破坏模式及试验桩受力状态

目前试验桩受力状态为，在桩后侧受到滑面 S2 以上推力 $Q_2$ 和滑面 S3 以上推力 $Q_3$ 的作用，在桩前侧受到滑面 S1 以下抗力 $P_1$、滑面 S2 以下抗力 $P_2$、滑面 S3 以下抗力 $P_3$ 作用，桩底存在一定的反力 $P_d$。由于滑坡存在多层滑面，试验桩出现了 S 形弯曲，桩体产生这种受力状态和变形模式是在滑坡软硬相间的地层特性所致，即在软弱层遇水软化而产生滑动面，而在硬层中则容易出现较大的桩前抗力。

第 7 章

# 基于物理模型试验的滑坡-抗滑桩体系演化规律

# 7.1 无水条件下水库滑坡−抗滑桩体系演化规律

## 7.1.1 无水条件下水库滑坡−抗滑桩体系物理模型设计

### 1.水库滑坡−抗滑桩体系物理模型

此次模型试验采用模型抗滑桩加固,试验岩土体材料使用第 5 章中研制的相似材料,滑坡模型采用单排抗滑桩加固,共设置 6 根模型桩(马俊伟,2016)(图 7.1 和图 7.2)。

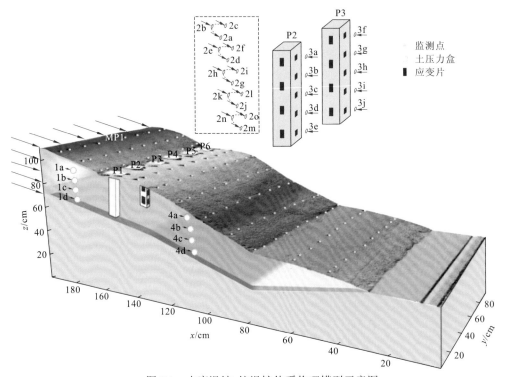

图 7.1 水库滑坡−抗滑桩体系物理模型示意图

原型桩桩长为 22m,其中受荷段 $h_1=14$m,嵌固段 $h_2=8$m,截面尺寸为 2m×3m,桩间净距为 4m。根据几何相似比 $C_1=40$,模型桩桩身截面尺寸为 5.0cm×7.5cm,桩长 55cm,嵌固段长 20cm,桩间净距为 10cm。模型桩按照桩身材料弹性模量(2.8GPa)相似比缩尺后制作完成,将 6 根 $\phi$2mm 的钢筋绑扎成钢筋笼后放入模具,用细石混凝土浇筑。选择弹性模量相似比接近于几何相似比的模型桩材可以使得模型试验结果与原型相似(林海 等,2012)。

### 2. 加载与监测方案

物理模型试验在滑坡后缘通过 MTS-505.60 电液伺服加载系统(以下简称加载系统)(图 7.1 和图 7.2)采用分级加载方式(图 7.3)进行加载,滑坡后缘推力第一级为 600N,

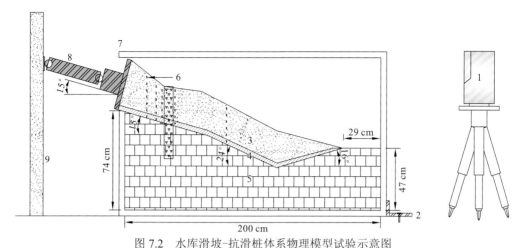

图 7.2　水库滑坡-抗滑桩体系物理模型试验示意图

1 为三维激光扫描仪；2 为反力装置；3 为滑体；4 为滑带；5 为基岩；6 为土压力盒；

7 为试验框架；8 为 MTS；9 为反力墙

之后逐级递增施加，直至滑坡模型产生破坏，每级荷载施加之后待结构受力和变形趋于稳定后施加下一级荷载（图 7.3）。

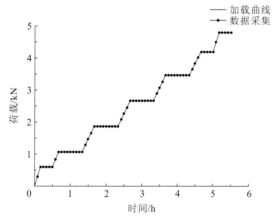

图 7.3　水库滑坡-抗滑桩体系物理模型试验加载与数据采集方案

滑坡物理模型试验中采用 RIEGL VZ-400 三维激光扫描系统采集坡体表面的数字化模型。该系统激光发射频率高达 $3 \times 10^5/s$，角分辨率为 0.000 5°，测距精度为 2 mm（100 m 距离处）。三维激光扫描仪架设于物理模型前部（图 7.1、图 7.2），对滑坡模型初始形态进行一次扫描并将结果作为基准点云，试验过程中，每隔 5 min 采集一期试验点云（图 7.3），扫描分辨率为 1 mm，每次坡面扫描耗时约 2 min。截至试验结束共得到 62 期试验点云数据。桩身应变片同步监测桩身的变形，应变片的空间位置详见图 7.1。加载系统同步连续采集滑坡后缘施加的推力。为了研究抗滑桩之间的土拱效应，桩间和桩后土体布设了微型土压力盒，土压力盒的空间位置详见图 7.1。同时，为了监测坡体内部的滑坡推力，坡体后缘、中部和前缘均布设了微型土压力盒（图 7.1）。

## 7.1.2  水库滑坡–抗滑桩体系多场演化特征

### 1. 滑坡表面位移场信息分析

采用 PolyWorks 10.0 的 IMInspect 模块对三维激光扫描仪获取的基准点云和试验点云进行数据处理，得到了滑坡表面监测点位移与时间的关系曲线。图 7.4 是 3 号抗滑桩模型后 10 cm 处的监测点位移随时间变化的曲线图，图 7.5 是无抗滑桩模型条件下相同位置处的监测点位移随时间变化的曲线图。

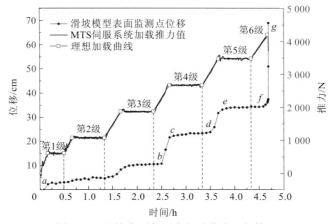

图 7.4　滑坡表面监测点位移曲线（加桩）

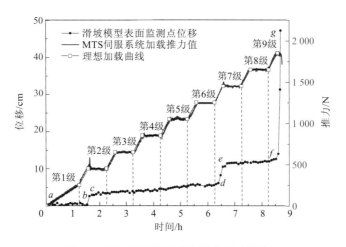

图 7.5　滑坡表面监测点位移曲线（无桩）

从图 7.4 与图 7.5 可以看出，加载系统施加的推力与加载设计方案基本相同。实际加载曲线只在预计加载曲线上下微小波动，总体实现了荷载的精确加载。这是因为滑体在承受加载系统推力作用时，土体产生协调变形，其所受荷载少量释放，因此，加载系统会通过细微波动不断调整推力大小，使滑坡模型后部受力与加载方案一致。

如图 7.4 所示，植入抗滑桩后滑坡物理模型的加载过程共经历了六个加载阶段。其中，滑坡物理模型在进入第 6 级荷载 0.36 h 后发生了破坏，峰值荷载大小为 4 206.80 N，滑体产生较大位移。此时，加载系统所施加的荷载急剧下降，与预期施加的推力荷载相比，差异较大。该级荷载下，滑坡监测点位移变化量较大，位移增量达 34.65 cm，而前五级加载产生的总位移量仅为 34.37 cm。

滑坡模型在前三级荷载作用下，监测点位移呈缓慢增长趋势。每级荷载的加载阶段和维持阶段所对应的位移曲线没有明显的阶梯形变化特征，如位移曲线 ab 段所示，前两级荷载位移量较小，仅在第 3 级荷载作用时，位移才出现较明显的增长。

第 4 级荷载和第 5 级荷载作用下，监测点位移产生了明显变化，位移增长呈阶梯状特征。在这两级荷载的加载阶段，位移量快速增加，如位移曲线 bc 段、de 段所示。而在这两级荷载的维持阶段，位移量缓慢上升，其位移变化速率与前三级荷载条件下位移的平均变化速率相当，如位移曲线 cd 段、ef 段所示。

第 6 级荷载作用下，监测点位移在加载阶段结束时呈急剧增长的变化趋势，如曲线段 fg 所示，最后监测点位移量达 69.02 cm，滑坡模型发生破坏。

为了便于加桩前后滑坡演化阶段的比较，以滑坡整个演化过程为研究对象，定义从滑坡临近失稳发生剧烈变形直至滑坡发生整体破坏的时段为破坏变形阶段。整个演化过程除去破坏变形阶段，由初始变形阶段和主要变形阶段构成，两者以滑坡表面位移变化速率区分：初始变形阶段位移变化不明显，位移变化速率较小；主要变形阶段在单位时间内发生的位移量要远大于初始变形阶段的平均位移变化速率。由于两次试验的加载时间不同，主要采用各阶段时间占滑坡演化过程的百分比对加桩前后滑坡演化阶段的差异性进行比较。

从监测点位移变化曲线总体变化趋势来看，ab 曲线段为初始变形阶段，占总时长的 53.30%，监测点位移呈缓慢增长趋势，其位移变化速率为 4.32 cm / h，该阶段产生的累计位移量达 10.79 cm；bf 曲线段为主要变形阶段，占总时长的 44.51%，滑坡模型破坏前位移都集中发生在此阶段，监测点位移呈阶梯形增长趋势，其变化速率为 11.37 cm / h，该阶段产生的累计位移量为 23.73 cm；fg 曲线段为破坏变形阶段，占总时长的 2.19%，监测点位移呈急剧变化趋势，在最后的 0.02 h 时间内，监测点位移变化速率高达 29.78 cm / min。

如图 7.5 所示，无桩滑坡物理模型的推力加载过程共经历了九个加载阶段。滑坡物理模型在进入第 9 级荷载 0.49 h 后发生了破坏，峰值荷载大小为 1870.12 N，滑体部分发生较大位移。此时，加载系统所施加的荷载急剧下降，与预期施加的推力荷载相比，差异较大。与此对应的滑坡监测点位移变化量较大，该级荷载作用下，位移增量达 34.93 cm，而前八级加载产生的总位移量仅为 12.01 cm。

滑坡模型在第 1 级荷载作用下，监测点发生较小的位移量，其位移值在 0.8 cm 范围内波动。在该阶段滑坡模型后缘受力较小，整个阶段仍然属于试验前的准备阶段。加载总时长从施加第 2 级荷载开始起算。

在第 2～6 级荷载作用下，除第 2 级荷载加载阶段监测点位移增长明显外，监测点总体位移呈缓慢增长趋势，如位移曲线 bc、cd 段所示，第 3～6 级荷载的加载阶段和维持阶段所对应的位移曲线没有明显的阶梯性特征。

第 7 级荷载加载阶段，监测点位移发生了明显突变，位移增长量达 5.30 cm，如曲线位移 de 段所示。随后在第 7 级荷载维持阶段与整个第 8 级荷载阶段，监测点位移呈缓慢增长的趋势，如曲线位移 ef 段所示。

第 9 级荷载作用下，监测点位移在加载阶段结束时呈急剧增长的变化趋势，如曲线段 fg 所示，最后监测点位移量达 46.93 cm，滑坡模型发生破坏。

从监测点位移变化曲线总体变化趋势来看，ab 曲线段为加载准备阶段，监测点位移量在 1 cm 以下微小波动；bd 曲线段为初始变形阶段，占总时长的 67.81%，监测点位移呈缓慢增长趋势，其位移变化速率为 1.18 cm/h，该阶段产生的累计位移量达 5.75 cm；df 曲线段为主要变形阶段，占总时长的 29.82%，滑坡模型破坏前的主要位移都集中发生在此阶段，其变化速率为 3.05 cm/h，该阶段产生的累计位移量为 6.50 cm；fg 曲线段为破坏变形阶段，占总时长的 2.37%，监测点位移呈急剧变化趋势，在最后的 0.02 h 时间内，监测点位移变化速率达到 14.01 cm/min。

两次模型试验，滑坡模型发生破坏时，加载系统所施加的极限荷载大小分别为 4 206.80 N（有桩）和 1 870.12 N（无桩），两者相差 2 336.68 N。这说明抗滑桩能对滑坡起到显著的加固作用，能有效防止滑坡发生变形破坏。

从监测点位移变化曲线中初始变形阶段、主要变形阶段、破坏变形阶段的对比分析可知，滑坡模型植入抗滑桩后初始变形阶段占总时长的比例变短，两者相差 14.51%。而滑坡模型植入抗滑桩后主要变形阶段占总时长的比例增大，与没有抗滑桩植入的滑坡模型相比，两者相差 14.69%。抗滑桩加固作用使滑坡的主要变形阶段增大，通过滑坡模型产生更大变形来抵抗滑坡后部的推力加载作用。滑坡模型发生变形破坏前，最大位移量分别为 34.52 cm 和 12.66 cm。这说明由于抗滑桩的阻滑作用，推力加载作用不能有效传递到桩前土体，主要受力由抗滑桩和桩后土体共同承担。

## 2. 桩后土压力动态分布规律

滑坡物理模型中 3 号抗滑桩桩后 10 cm、埋深 18 cm 处的土压力监测点的土压力时程变化曲线如图 7.6 所示。对土压力时程变化曲线与土压力盒正上方滑坡表面监测点的位移曲线比较可知：滑坡模型未发生变形破坏前，土压力变化曲线与滑坡表面位移变化曲线总体变化趋势呈相似关系。滑坡模型滑坡表面位移和土压力的变化均是由加载系统所施加的推力产生的，两者变化是趋于同步的。前者是滑坡变形的外在表现，通过具体的位移量反映，后者是滑坡变形的内在体现，通过滑坡模型内部受力特征表现。

在加桩模型试验中，初始变形阶段，土压力首先在后部推力加载作用下显著上升，在 0.25 h 内从 0 跃升至 2.27 kPa。接着，土压力呈缓慢增长趋势，如曲线段 AB 所示。主要变形阶段，监测点土压力呈阶梯形增长趋势，该阶段土压力增长量为 5.20 kPa，如曲线段 CF 所示。破坏变形阶段，土压力呈骤降趋势，在 0.02 h 内下降 9.30 kPa，如曲线段 GH 所示，破坏后土压力大小维持在 1.51～1.56 kPa。当滑坡模型发生变形破坏时，滑坡表面监测点位移量急剧增长，其突变处对应的时间与土压力发生突变的时间大体相当。

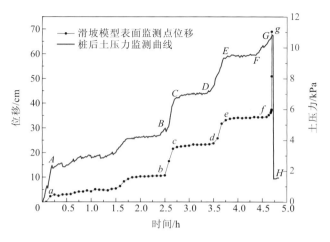

图 7.6　土压力与监测点位移时程曲线（加桩）

不同加载阶段，滑坡物理模型 3 号抗滑桩桩后 10 cm，埋深 6 cm、12 cm、18 cm、24 cm、30 cm 处的土压力值曲线如图 7.7 所示。不同埋深处土压力取值为各级荷载在维持阶段的平均值及滑坡模型破坏时的土压力。

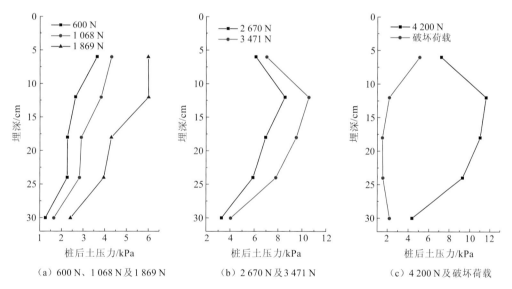

（a）600 N、1 068 N 及 1 869 N　　（b）2 670 N 及 3 471 N　　（c）4 200 N 及破坏荷载

图 7.7　不同加载等级下桩后土压力值随埋深变化关系

初始变形阶段，在第 1 级荷载作用下，土压力在埋深 6 cm 处达到最大值 3.4 kPa，在埋深 6～12 cm 处逐渐减小到 2.6 kPa，在埋深 12～24 cm 处基本保持在 2.3 kPa 左右，在埋深 30 cm 处又降低为 1.9 kPa。从第 2 级荷载、第 3 级荷载与第 1 级荷载作用下土压力随埋深的变化曲线可以看出，随着荷载的增大，不同埋深处土压力值统一呈增大趋势，埋深 18 cm 以上的土压力值明显大于埋深 18 cm 以下土压力值的增长幅度，埋深 12 cm 处的土压力值增幅最大。

主要变形阶段，在第 3 级荷载和第 4 级荷载作用下，不同埋深处的土压力值同步增大，埋深 12～24 cm 处的土压力值较大，土压力分布曲线整体呈抛物线形。

破坏变形阶段，在滑坡模型破坏前，土压力随埋深的变化趋势与主要变形阶段相同，呈抛物线形，在埋深 12 cm 处达最大值 11.56 kPa。当滑坡模型发生破坏后，土压力值迅速下降，埋深 12～24 cm 处的土压力值小于两端土压力值，且变化幅度较大。

对比三个阶段的土压力特征发现，桩后埋深方向中部土压力值对滑坡模型后部推力作用的响应敏感。初始变形阶段，土压力随埋深呈逐渐下降的变化趋势；主要变形阶段，土压力随埋深呈抛物线形分布特征；破坏变形阶段，土压力由两端小、中间大的抛物线形分布特征突变为两端大、中间小的抛物线形分布特征。

对于无桩滑坡物理模型，选取与上述讨论相同位置处的土压力为研究对象，绘制监测点的土压力时程变化曲线，如图 7.8 所示。

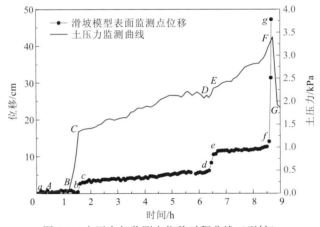

图 7.8 土压力与监测点位移时程曲线（无桩）

在无桩模型试验中，在试验准备阶段，滑坡体内部土压力值较小，在 0.09 kPa 以下波动，如 AB 段所示，当滑坡模型进入初始变形阶段后，土压力迅速增大，从 0.09 kPa 跃升至 1.34 kPa，而后呈平稳上升趋势，如 CD 段所示；当滑坡模型进入主要变形阶段时，土压力首先有小幅快速上升趋势，如 DE 段所示，然后土压力平缓增长，增长速率大于初始变形阶段平稳上升的速率，见曲线 EF 段与 CD 段，每一级荷载的加载阶段土压力增长速率略大于维持阶段土压力的增长速率；破坏变形阶段，土压力呈骤降趋势，在 0.03 h 内下降 1.58 kPa，如土压力曲线段 FG 所示，破坏后土压力大小维持在 1.81 kPa 左右。

对比图 7.6 与图 7.8 可知，土压力时程变化曲线均与滑坡表面位移监测曲线存在一定的相似性。滑坡模型在抗滑桩的加固作用下，土压能达到的峰值为 10.83 kPa。滑坡模型在无抗滑桩条件下，土压力能达到的峰值仅为 3.39 kPa。两者对比表明，抗滑桩的加固作用提升了桩后土体承受荷载的能力，土压力承载极限值提升约 3.2 倍。另外，当滑坡模型发生破坏后，有桩条件下土压力值为 1.53 kPa 左右，而无桩条件下土压力约为 1.81 kPa，两者近似，说明抗滑桩对滑坡的加固效果已经丧失。

图 7.9 是有桩与无桩条件下，施加荷载相同（后缘加载推力分别为 1068 N 和 1050 N）

时，滑坡模型后缘同一监测位置处土压力分布对比图。在相同荷载条件下，滑坡植入抗滑桩模型后相同埋深处土压力值均有提高。埋深 6 cm 与 12 cm 处土压力值增长量大致相同，约为 2.42 kPa。埋深 18 cm、24 cm、30 cm 处的土压力增长量大致相同，约为 0.72 kPa。由于抗滑桩的加固作用，桩后土体承受的土压力值显著增加，埋深较浅的滑体的土压力增长量大于埋深较深的滑体。

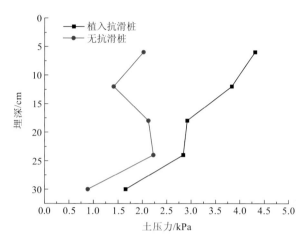

图 7.9　相同荷载作用下土压力分布对比

### 3. 宏观变形迹象对比分析

滑坡灾害的形成不仅与空间上的破坏尺度和滑移距离有关，还与时间有关，下面首先根据一般地质体的渐进破坏过程简单阐述滑坡模型试验中揭示出的渐进破坏过程。

（1）既有破坏：地质体初始状态内部就存在许多结构面，而且这种结构面的尺寸在某一方向上甚至和研究区域的尺度相当。按照材料破坏的定义，地质体内部在初始状态就有破坏存在，这些破坏是地质体固有的，并不是外部荷载作用、内部材料特性改变的结果。这种地质体内部初始状态下的破坏称为既有破坏。

滑坡物理模型试验坡体堆砌过程中存在一些不确定性的空隙和孔隙，以及监测仪器引出线等形成了人为的空隙、孔隙、软弱面或结构面，滑坡物理模型堆砌完成后内部的初始状态为既有破坏。

（2）局部再破坏：地质体内部的非既有破坏区域，可以用连续介质的力学模型来描述，该区域的材料仍然可以称为连续介质。局部再破坏是指在外部荷载和地质体内部材料特性变化的条件下，地质体内部连续部分满足破坏条件，进而在连续介质的区域内形成了非连续的新的破坏面。滑坡模型试验过程中局部再破坏主要表现为，滑坡后部推力的作用使坡体变形，产生局部凹陷区和裂缝。

（3）贯穿性破坏：当局部再破坏的区域逐步扩大，将既有破坏区域内的破坏面连接成为贯穿整个研究区域的破坏面时，则称研究区域内发生了贯穿性破坏。贯穿性破坏的破坏面在极限平衡方法中定义为滑面，在有限元方法中是达到塑性破坏的点连接起来形成的破坏面。

滑坡物理模型试验中，当裂缝持续发展、扩展贯通后，滑坡模型进入贯穿性破坏阶段。

（4）离散性破坏：在某些条件下，地质体贯穿性破坏后的运动导致了此前生成的贯穿性破坏面上受力条件不断改变，致使尚未破坏的区域内部产生更多的贯穿性破坏面，同时地质体表面产生很多裂缝，连续的研究区域被破坏面割裂为离散体，这一状态称为离散性破坏。离散性破坏具体表现为，模型试验后期滑坡地面裂缝综合交错，连续的坡面被裂缝切割为离散的块体。

（5）运动性破坏：出现了贯穿性和离散性破坏的地质体，有可能因为内部能量的释放和受力条件的变化而静止，也有可能发生长距离的运动，如山体滑坡的滑动、岩体的崩塌及泥石流。运动性破坏具体表现为，模型试验破坏变形阶段中桩后滑体部分沿着局部剪切破坏面发生整体性快速变形。

在滑坡后部推力加载条件下，由于抗滑桩的加固作用，滑坡模型发生了局部越桩剪出破坏，滑坡模型各阶段表面宏观变形迹象如图 7.10 所示。

（a）初始变形阶段

（b）主要变形阶段

（c）破坏变形阶段1

（d）破坏变形阶段2

图 7.10　滑坡模型宏观变形迹象（加桩）

如图 7.10（a）所示，初始变形阶段时，滑坡表面变形较小，变形过程缓慢。滑坡表面变形主要表现为后缘土体的局部前移与隆起，整体变形非常小。如图 7.10（b）所示，进入主要变形阶段后，滑坡模型桩后土体产生了一条明显的平行于主滑方向的拉张裂缝，沿主滑方向，左侧桩后出现了轻微的剪切裂缝。随着荷载的增大，裂缝宽度也变得越来越大，且不同方向的裂缝开始逐渐贯通、交汇。如图 7.10（c）、（d）所示，滑坡模型处于破坏变形阶段时，滑坡模型后部土体发生了越桩滑动破坏，滑坡土体破坏形式以垂直主滑方向的拉张裂缝为主，滑坡模型后部土体从桩顶附近剪出破坏。

　　无抗滑桩加固时，在滑坡后部加载的情况下，从整个试验过程来看，滑坡模型初始变形阶段如图 7.11（a）所示，此时滑坡模型表面并未发生明显变化；当滑坡模型进入主要变形阶段时，如图 7.11（b）所示，模型表面后部出现小部分鼓胀区与凹陷区，随着荷载的增加，其鼓胀区与凹陷区均扩大，并在鼓胀区下部出现新的凹陷区；当滑坡模型进入破坏变形阶段时，如图 7.11（c）、（d）所示，鼓胀区与凹陷区已发展至模型的整个宽度，此时坡体已可见明显的向前位移，坡体的剪出轮廓正是鼓胀坡体的前缘轮廓线。

（a）初始变形阶段

（b）主要变形阶段

（c）破坏变形阶段1

（d）破坏变形阶段2

图 7.11　滑坡模型宏观变形迹象（无桩）

　　由图 7.10 与图 7.11 对比可见，植入抗滑桩前后推移式滑坡模型表面的宏观变形破坏迹象存在显著性差异。

　　滑坡模型进入主要变形阶段时，植入抗滑桩的滑坡模型表面变形集中于桩后土体的隆起和裂缝的扩展，而桩前土体未发生显著变形（桩前埋设的监测图钉没有明显位移），如图 7.10（b）所示。这说明抗滑桩在推移式滑坡模型中起到了加固效果，通过提高桩后土体和抗滑桩受力，将外荷载通过桩后土体和抗滑桩的变形吸收，进而提高滑坡整体稳定性。然而，无桩滑坡模型处于该阶段[图 7.11（b）]时，在后部推移加载作用下发生的土体隆起量较小，靠近加载侧出现了局部凹陷区，没有产生明显的裂缝。但与加桩条件相比较，滑坡模型发生显著变形的范围扩大，增大约 70%，若没有滑坡模型前部的反翘设置，滑体部分将发生更大范围的变形。无桩条件下滑坡模型的滑体部分变形延伸更远，说明滑体内部通过更大范围的土体变形来吸收施加的推力。

滑坡模型进入破坏变形阶段时，桩后滑体部分整体达到了极限承载能力，此时无法利用抗滑桩支挡使滑体吸收更大推力荷载，滑坡模型后部土体只能从桩顶附近剪出破坏，如图 7.10（c）、（d）所示。此时，滑体表面裂缝深切，集中发育整个桩后滑体部分。未植入抗滑桩的滑坡沿着滑体鼓胀变形前缘轮廓线发生剪切破坏，滑体破坏范围延伸到滑体中部，且整体性好，如图 7.11（c）、（d）所示。此时，滑坡模型后部的深切裂缝发育于推力加载板附近。该现象是推移式滑坡整体发生破坏，坡体内力突然释放，造成滑体部分与加载板脱离而产生的。

### 4. 桩身内力动态分布规律

测试出桩后的桩身应变 $\varepsilon_{back}$ 及桩前桩身应变 $\varepsilon_{front}$ 后，依据材料力学弯曲理论式（7.1），可计算得到相应测点处的桩身弯矩（闫金凯 等，2012，2011）：

$$M = W \cdot E_s \cdot (\varepsilon_{back} - \varepsilon_{front}) / 2 \qquad (7.1)$$

式中：$W$ 为抗弯截面系数，大小为 $4.69 \times 10^{-5} m^3$；$E_s$ 为微型桩的弹性模量，大小为 $3 \times 10^7 kPa$。

绘制 3 号模型桩桩身弯矩分布图，如图 7.12 所示。

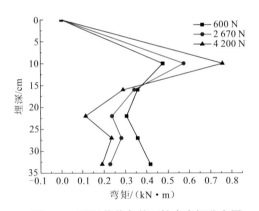

图 7.12　不同荷载条件下桩身弯矩分布图

记 $H$ 为抗滑桩悬臂段长度，从桩身弯矩分布图可以看出，随着滑坡后部推力荷载的增加，埋深 $0.3H$ 处桩身弯矩值同步增加，且该处桩身弯矩值大于其他监测点弯矩值，且弯矩相对值变化速率最大。埋深 $0.5H$ 及其以下桩身弯矩则随着滑坡后部推力荷载的增加而减小，抗滑桩埋深 $0\sim0.5H$ 区段所承受的弯矩较大，表明此段为抗滑桩承受剪力的主要区域。悬臂段约 1/3 处为最大弯矩截面，而滑动面处弯矩绝对值较小。

依据桩身监测点弯矩值拟合得到桩身剪力分布规律，如图 7.13 所示。埋深 $0.3H$ 处，桩身剪力为零，对应于图 7.12 中最大弯矩埋深。$0.3\sim0.6H$（$H$ 为滑面以上桩长）段剪力值为负，表明该段模型桩以承受桩前土体反向抗力为主，埋深 $0.6H$ 处剪力为正，如图 7.13 所示，桩身剪力最大值位于桩顶附近。滑坡后部土体在抗滑桩的阻挡作用下，以桩顶附近土体的剪切变形为主，破坏滑动面恰好出现在沿桩身埋深 $0.3H$ 左右处，弯矩较大，剪力为正值。潜在滑动面以下，弯矩总体呈降低趋势，剪力先减小后增大。因此，抗滑桩桩身弯矩和剪力分布特征与滑坡变形破坏特征是对应的，如图 7.10（c）、（d）所示。

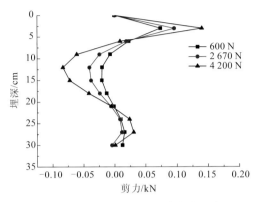

图 7.13　不同荷载条件下桩身剪力分布图

## 7.1.3　抗滑桩-滑体相互作用土拱效应研究

抗滑桩结构在侧向荷载作用下，桩体和土体相互作用，形成了土拱效应，这是抗滑桩加固机理和设计研究的重要依据。早在 1943 年，Terzaghi 就通过著名的活门试验，得到了荷载从屈服土体转移至临近刚性边界的现象，并将该应力迁移现象称为土拱效应，该试验成果在之后的数值模拟和理论研究中得到了充分的学习与运用。国内外广大科研人员对土拱效应问题给予了重点关注，包括桩土相互作用的成拱过程与成拱形态、拱体的微观特性、土体性质对土拱特性与作用范围的影响等。下面将根据滑坡物理模型试验结果，从滑坡表面位移场和空间应力分布两方面研究桩间应力土拱效应的演化规律。

### 1. 基于滑坡表面位移场的土拱效应分析

在滑坡推力作用下，抗滑桩附近土体相对桩身发生滑动，桩间土体应力发生迁移，土颗粒间发生楔紧作用，从而在桩间产生了水平土拱现象。土拱效应中的土拱不同于日常生活中的拱形结构物。通常，拱结构是把材料制成拱形以充分发挥其承载压力的特点，即先有拱，后有力。但抗滑桩间土拱具有其独特的形成过程，土颗粒间的黏聚力和摩擦力是形成土拱的先决条件，土拱的形成是土体在力的作用下产生不均匀位移，调动自身抗剪强度以抵抗外力的结果，即先有力，后有拱（刘静，2007）。此外，桩间土拱的边界并非清晰可见，是一个模糊的边界（宋保强，2007）。这是因为土拱组成物和结构与前后土体完全相同，所以桩间土拱与前后土体没有明显的界限，且土拱沿滑动方向的厚度也是模糊的，与拱桥、拱坝的拱圈相比，桩间土拱的组成、结构要复杂得多，土拱效应现象捕捉异常困难。

滑坡模型表面位移场变化规律是抗滑桩和土体相互作用过程的外在表现，桩间应力土拱是土拱效应的内在表现。在推移式滑坡-抗滑桩体系相互作用物理模型试验中,通过对滑坡表面位移数据的分析与对比，捕捉到了明显的桩间土拱效应现象。

试验加载初期，在后部加载系统施加的推力作用下土体处于压密、挤实状态，滑体内部的应力场处于调整阶段，土拱效应并未形成，抗滑桩加固作用并未得到发挥，如图7.14所示。

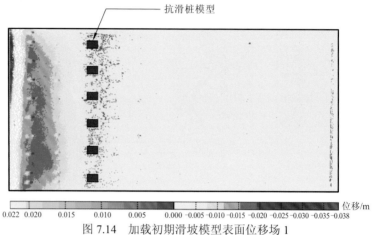

图 7.14　加载初期滑坡模型表面位移场 1

如图7.15所示，随着滑坡模型后部推力的增大，滑坡表面位移出现了三种形式的土拱：在滑坡后部荷载作用下，因抗滑桩对土体的约束作用，在抗滑桩后的土层中形成了一类明显的土拱，主要由桩后土体和抗滑桩后壁组成，拱脚为抗滑桩后壁；在桩间，桩内侧与土体的摩擦对土体产生了一定的拖曳作用，在桩间至桩前土体中出现了微弱的反方向的土拱；桩后推力作用下在抗滑桩后壁形成了微弱的反方向的土拱。

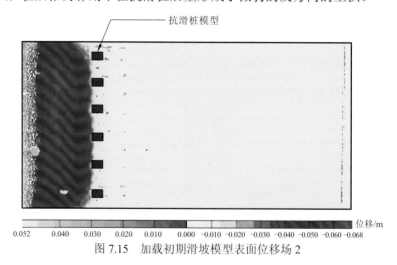

图 7.15　加载初期滑坡模型表面位移场 2

## 2. 基于滑体应力分布特征的土拱效应分析

随着计算机数值计算方法的飞速发展，桩间应力土拱得到形象描述（刘金龙 等，2010；李长冬，2009；刘静，2007；韩爱民 等，2005），物理模型试验方法则为土拱效应现象的直接观测提供了有效途径（张永兴 等，2009；周健 等 2009；杨明，2008）。

下面将结合推移式滑坡演化过程探讨桩间应力土拱的变化特征。

　　本章中，分别在 2 号桩后、3 号桩后及两桩之间埋设了土压力盒，其目的是研究桩间应力土拱的基本规律。一般认为桩顶附近，即靠近滑坡表面的土压力大小为 0。分别作出 2 号桩后、3 号桩后及桩间土压力沿着埋深的分布，如图 7.16～图 7.18 所示。

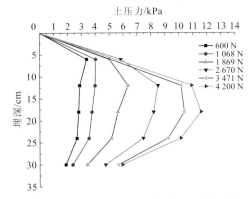

图 7.16　2 号桩后土压力随埋深变化曲线

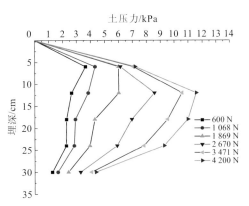

图 7.17　3 号桩后土压力随埋深变化曲线

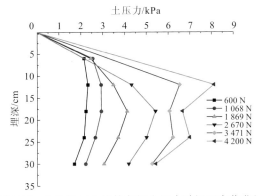

图 7.18　2 号桩与 3 号桩之间土压力随埋深变化曲线

　　试验初期，滑坡后部受加载系统第 1 级荷载（600N）、第 2 级荷载（1068N）作用，推移式滑坡-抗滑桩体系模型处于初始变形阶段。此时，2 号桩后、3 号桩后及桩间土压力监测值较小，且随埋深变化量较小，滑带附近土压力监测值略小。从第 1 级荷载过渡到第 2 级荷载时，不同水平位置的土压力增长量大致相当。从第 2 级荷载过渡到第 3 级荷载时，土压力沿埋深方向的分布呈先增长后减小的抛物线形分布规律，最大土压力值出现在埋深 12 cm 处。

　　在第 4 级、5 级荷载作用下，推移式滑坡-抗滑桩体系模型进入主要变形阶段，该阶段 2 号桩后、3 号桩后及桩间土压力监测值变化明显，埋深 12～24 cm 的土压力值增长迅速，此时土压力沿埋深方向的抛物线形分布规律更趋明显。埋深 12 cm 处，2 号桩与 3 号桩桩间土体的土压力增长量 18 cm、24 cm 处的土压力增长量。

　　在第 6 级荷载作用下，推移式滑坡-抗滑桩体系模型进入破坏变形阶段，该阶段 2 号桩后、3 号桩后及桩间土压力监测值较第 5 级荷载略有增加。2 号桩后、3 号桩后的土压力沿埋深方向仍呈抛物线形分布规律。埋深 18 cm 处，2 号桩与 3 号桩桩间土体的土压力小于 12 cm、24 cm 处的土压力值，土压力分布形态由抛物线形过渡至增减起伏的状态。

从图 7.16 与图 7.17 可以看出，土压力增长规律可分为两类，埋深 6 cm（靠近桩端）与埋深 30 cm（靠近滑带）处的增长趋势相同，且变化量较小，其增长速率小于埋深 12 cm、18 cm、24 cm 处的土压力增长速率，埋深 12~24 cm 处土压力增长趋势相同，变化量较大。土压力增长速率在初始变形阶段较小，沿埋深方向土压力值相当。但随着荷载的增大，进入主要变形阶段时，埋深 12 cm、18 cm、24 cm 处土压力增长量显著增大，增长量为初始增长量的 2~3 倍。进入破坏变形阶段后，随着荷载的增加，土压力值增长速率显著降低。

从图 7.18 可以看出，随着荷载的增大，土压力在埋深 6 cm 处变化量较小，前四级荷载作用下，土压力沿埋深方向呈抛物线形分布规律，埋深 18 cm 处土压力值最大。第 5 级荷载及第 6 级荷载作用下，埋深 12 cm 处土压力显著增大。进入破坏变形阶段后，随着荷载的增加，桩间土体土压力值的增长速率显著降低。

将这三处的数据结合起来得到了桩后及桩间土压力的分布规律，如图 7.19~图 7.23 所示。图中表示了在不同埋深下桩后土压力和桩间土压力的空间分布规律与整个加载过程中的变化规律。横坐标表示水平宽度，坐标原点表示从 2 号桩最外侧（靠近 1 号桩侧）开始。

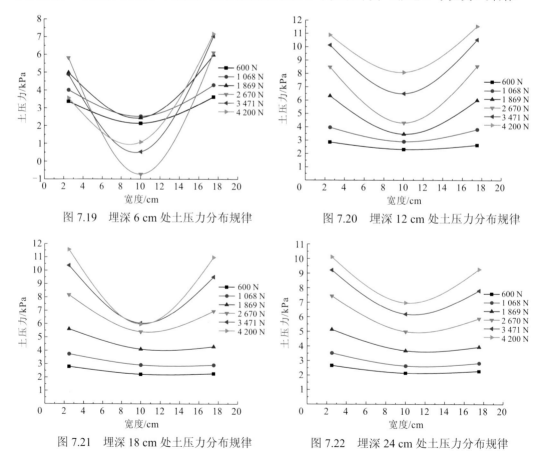

图 7.19　埋深 6 cm 处土压力分布规律　　　　图 7.20　埋深 12 cm 处土压力分布规律

图 7.21　埋深 18 cm 处土压力分布规律　　　　图 7.22　埋深 24 cm 处土压力分布规律

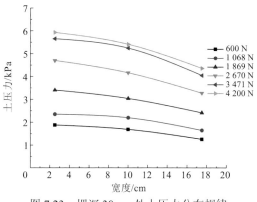

图 7.23　埋深 30 cm 处土压力分布规律

从图 7.19～图 7.23 中可知,桩后土压力均比桩间土压力大(埋深 30 cm 滑带处除外),土压力在空间上形成一个拱形;加载初期,桩后土压力稍大于桩间土压力,拱形弧度较小,随着加载级数的增大,桩后土压力与桩间土压力的差值越来越大,拱形弧度逐渐增加;随着埋深的增加,6～18 cm 处拱形弧度逐渐增大,18～30 cm 处拱形弧度逐渐减小;埋深 6 cm 处,桩间土体在第 3 级加载时发生破坏,土压力值随加载增大而越来越小;如图 7.23 所示,埋深 30 cm 滑带处土压力的变化规律有所不同,2 号桩后最大,其次为桩间土压力,3 号桩后土压力最小。

根据不同埋深、不同荷载条件下,桩后和桩间土压力的数据,绘制如图 7.24～图 7.29 所示的土压力空间分布图。由土压力空间分布图可以发现,土压力沿埋深方向的任意水平面具有清晰的圈状结构轮廓,桩后土压力值相对跨中截面呈对称分布,即应力土拱现象。空间上,桩间土压力值小于桩后土压力值,说明桩后位置土颗粒间发生了楔紧效应。应力土拱的拱高,即桩间土压力与桩后土压力的差值,总体呈现先增大后减小的趋势。埋深在滑带附近时,应力土拱现象并不显著。

如图 7.24～图 7.26 所示,当推移式滑坡-抗滑桩体系处于初始变形阶段时,埋深 6～12 cm 处应力土拱的拱高较大,但埋深 18 cm 以下,桩后应力影响的范围自上而下逐渐减

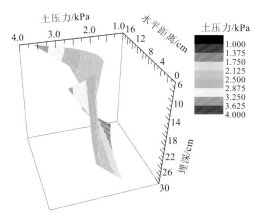

图 7.24　荷载 600 N 下土压力空间分布图

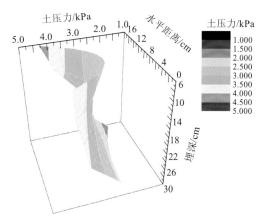

图 7.25　荷载 1068 N 下土压力空间分布图

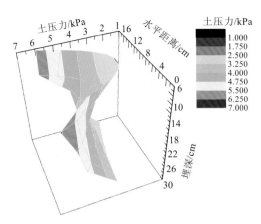

图 7.26　荷载 1 869 N 下土压力空间分布图

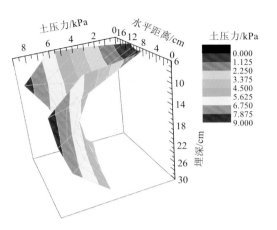

图 7.27　荷载 2 670 N 下土压力空间分布图

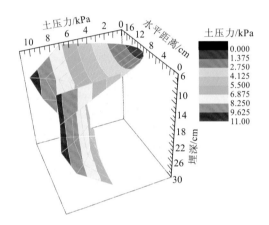

图 7.28　荷载 3 471 N 下土压力空间分布图

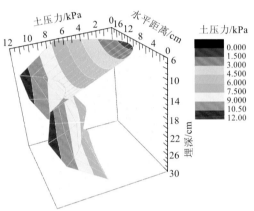

图 7.29　荷载 4 200 N 下土压力空间分布图

小，桩后土压力与桩间土压力差值不显著，桩后土压力略大于同一高度桩间土体内的土压力值，这表明土拱效应的影响范围随着滑体深度的增加逐渐变小。总体上，随着滑坡模型后部推力的增大，土压力起拱现象更趋于明显，其具体表现形式是抗滑桩模型悬臂段上半部分桩后与桩间应力土拱的拱高显著增加，应力土拱的埋深影响范围增加。

如图 7.27、图 7.28 所示，当推移式滑坡-抗滑桩体系处于主要变形阶段时，应力土拱现象比初始变形阶段应力土拱效应更明显，应力土拱效应基本在悬臂段埋深范围内均能观察到。应力土拱形态上可划分为三段：埋深 6～12 cm 处，同步土压力迅速增长，空间应力土拱沿竖直方向呈内凹趋势，呈半碗形空间形态；埋深 12～24 cm 处，应力土拱趋于一致，空间应力土拱在竖直方向接近垂直；埋深 24 cm 以下，应力土拱靠近滑带时，水平方向呈直线形态，土拱效应不明显。

当推移式滑坡-抗滑桩体系处于破坏变形阶段时，滑坡模型发生破坏前，应力土拱现象与主要变形阶段应力土拱效应比较接近，空间形态上没有发生显著变化，如图 7.29 所示。不同的是，埋深 12～24 cm 处，应力土拱呈先增大后减小趋势，空间应力土拱在竖直方向上呈外凸形态。埋深 24 cm 以下，应力土拱靠近滑带时，水平方向呈直线形态，难以观察到土拱效应现象。

推移式滑坡-抗滑桩体系演化过程中,在抗滑桩模型不同埋深处桩后、桩间土压力发生了显著的变化,应力土拱的空间形态也表现出不同的演化形态。随着滑坡后部推力的增大,应力土拱的影响范围扩大,在水平方向表现出应力土拱拱高增大的变化趋势,在竖直方向上表现出土拱效应影响深度的扩展。当滑坡由初始变形阶段过渡至主要变形阶段时,应力土拱空间形态变化明显。然而,当滑坡由主要变形阶段过渡至破坏变形阶段时,应力土拱效应变化趋势不明显。滑坡模型刚进入破坏变形阶段初期,应力土拱与主要变形阶段后期应力土拱形态相似,此时土拱的整体结构并没有破坏,但当滑坡模型破坏时,达到了土拱的极限承载力,土压力迅速降低,应力土拱现象消失。从应力土拱的空间形态来看,埋深 6~12 cm 处,土压力同步迅速增长,应力土拱沿竖直方向呈半碗形空间形态。接近滑带部分,由于滑带处摩阻力较大,起拱现象不明显。埋深 12~24 cm 处,滑坡后部推力较小时,应力土拱呈内凹形态,其方向与推力方向相同;随着推力的增大,应力土拱空间形态呈半圆柱状,不同埋深处水平方向的应力土拱趋于一致;在后部推力作用下,滑坡模型发生破坏前,应力土拱呈外凸形态,其方向与推力方向相反。

## 7.1.4　水库滑坡-抗滑桩体系破坏过程、演化阶段与破坏模式

### 1. 水库滑坡-抗滑桩体系物理模型破坏过程

此次模型试验共持续 5.05 h,后缘推力加载曲线详见图 5.9。通过坡体点云数据,拟合坡体后缘监测点 MP1(监测点的空间位置详见图 5.10),获得监测点的位移-时间曲线(图 7.30)。

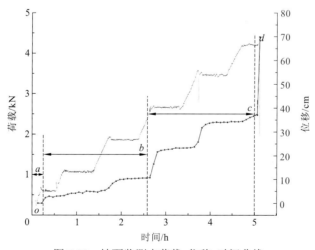

图 7.30　坡面监测点荷载-位移-时间曲线

由后缘加载系统推力曲线和坡体典型监测点的位移曲线可知,整个模型试验坡体的试验过程可以概括为:整个试验过程中,坡体监测点位移-时间曲线呈现出阶跃型;试验

初期，坡体后缘施加第 1 级荷载（600 N），监测点位移较小，以监测点 MP1 为例，至 0.25 h 监测点位移仅为 2.28 cm；随着坡体后缘第 2 级荷载 1 068 N 的施加，监测点产生较大的位移增量，而后保持匀速增长，至 2.58 h 监测点位移达到 1.79 cm；当后缘推力荷载达到 2 670 N 时，坡体产生较大的位移增量；而后坡体位移平稳增长，至 5.0 h 监测点 MP1 的位移达到 37.19 cm；坡体发生破坏时，后缘推力荷载达到峰值 4 206.80 N，坡体发生快速变形，监测点 MP1 的位移激增至 70 cm。相对于不采用抗滑桩加固的滑坡模型，此次试验模型发生破坏时峰值荷载显著增加。

### 2. 水库滑坡-抗滑桩体系物理模型演化阶段

此次模型试验过程中，监测点的位移-时间曲线呈现出明显的台阶状，可将监测点的位移-时间曲线划分为以下四个阶段。

初始变形阶段（图 7.30 中 oa），该阶段由试验开始持续 0.26 h，后缘推力荷载加载至 600 N，监测点变形较小。荷载施加阶段监测点变形速率约为 0.16 cm/min，荷载维持阶段监测点并未产生明显的变形。

匀速变形阶段（图 7.30 中 ab），该阶段由 0.26 h 持续至 2.68 h，后缘推力荷载由 600 N 加载至 1 869 N。后缘推力的加载引起了坡体内部土压力的增大和坡面变形的发展（图 7.26）。此阶段占整个试验过程的比例较大，坡面监测点的变形速率较小，约为 0.06 cm/min。此阶段末期，监测点的累计位移达到 10.79 cm。

加速变形阶段（图 7.30 中 bc），该阶段由 2.68 h 持续至 5.0 h，后缘推力荷载由 1 869 N 加载至 4 200 N。此阶段初期在整个试验进程中所占的比例约为 45%。坡面监测点的变形显示出明显的台阶状，变形速率为 0.78～1.09 cm/min。此阶段末期，坡面监测点的累计位移达到 23.74 cm。

整体破坏阶段（图 7.30 中 cd），后缘推力荷载达到峰值 4 206.80 N，监测点位移激增，平均变形速率达到 29.78 cm/min。坡体沿模型桩桩顶发生局部剪出破坏。

### 3. 滑坡-抗滑桩体系物理模型破坏模式

三维激光扫描仪可以获取滑坡表面的三维坐标，通过滑坡表面轴向的三维坐标建立水库滑坡-抗滑桩体系（滑坡）变形破坏模型（图 7.31、图 7.32）。在未加桩模型中，逐渐产生至少三个滑动面（图 7.31 中的 I、II 和 III）。这些滑动面意味着模型中逐渐扩大的屈服区域的边界。这些表面从基部向上延伸到模型的表面。每次产生滑动面时，都会发生模型滑坡表面位移的急剧增大。裂缝的出现（图 7.31）和加桩模型中的位移激增反映了滑动表面的突然产生。而植入抗滑桩后，滑坡前缘基本未产生变形，加载板前屈服区域面积逐渐增大，并发生隆起，产生拉张裂缝。随着加载力的逐渐增大，桩后土体逐渐挤出，并发生越顶破坏。

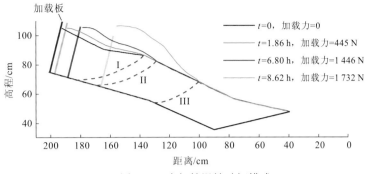

图 7.31　未加桩滑坡破坏模式

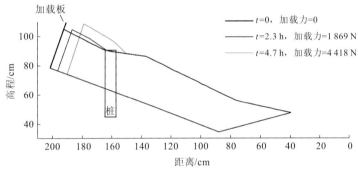

图 7.32　水库滑坡-抗滑桩体系破坏模式

## 7.2　静止水位条件下水库滑坡-抗滑桩体系变形演化规律

### 7.2.1　试验设计

　　本节在试验设计方面主要参考了第 5 章介绍的水库滑坡-抗滑桩体系演化物理模型试验技术（He et al.，2018），其中本节物理模型试验中涉及的试验材料（滑体、滑带与滑床）与 7.1 节中滑坡模型材料一致。水库滑坡-抗滑桩体系模型中一共植入 6 根抗滑桩，每根抗滑桩长度均为 57 cm，嵌固段长 18 cm，模型抗滑桩截面尺寸为 7.5 cm（高）×5 cm（宽），抗滑桩采用聚氨酯材料制成，桩弹性模量为 3 GPa。试验监测主要包括孔隙水压力监测与滑坡表面位移监测，具体监测布置如图 7.33 所示。试验加载与库水位设计如图 7.34 所示，本节试验开始时首先进行水库蓄水，待坡体饱和后再在滑坡后缘施加推力，以模拟静止水位条件下水库滑坡-抗滑桩体系的演化过程。

### 7.2.2　位移场演化特征与演化阶段划分

　　图 7.35 为加载阶段 M1、M2、M3、M-pile 与 M4 监测点位移-时间曲线，由图可知监测点开始响应之后，基本与荷载同步增长。在图中 *b* 点之前，抗滑桩与桩后滑坡表面

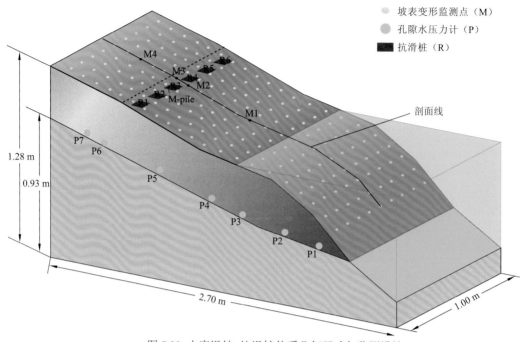

图 7.33 水库滑坡-抗滑桩体系几何尺寸与监测设计

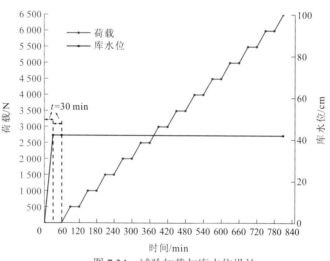

图 7.34 试验加载与库水位设计

滑体位移变化趋势基本一致，呈现协同变形特征。$b$ 点之后，抗滑桩变形与桩周土变形开始不一致，桩土逐渐发生非协同变形。基于以上位移特征，并结合图 7.36 展示的滑坡表面宏观变形特征，可以将监测点位移-时间曲线与水库滑坡-抗滑桩体系演化过程划分为四个阶段，分别为初始变形阶段、协同变形阶段、非协同变形阶段与破坏阶段，分别对应图 7.35 中的 $oa$、$ab$、$bc$ 与 $cd$ 阶段。初始变形阶段，滑坡整体变形很小，推测后缘基本处于孔隙不断被压缩的状态，该阶段无显著宏观变形发生[图 7.36（a）]。协同变形阶段，滑坡前方至后缘滑坡表面位移量逐渐增大，桩顶位移与桩后滑体位移趋势基本一

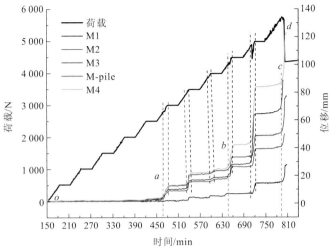

图 7.35　典型监测点位移-时间曲线

致，桩与桩周土体呈现协同变形，这在一定程度上反映了该阶段抗滑桩良好的防治作用，该阶段滑坡表面呈现轻微宏观变形[图 7.36（b）]。非协同变形阶段，桩顶位移与桩后土体位移开始出现分离，桩后土体位移逐渐大于桩顶位移，并且随着加载的持续进行，抗滑桩与桩周土体位移差逐渐增大，位移数据表明桩后坡体变形加剧，呈越顶破坏趋势[图 7.36（c）]。破坏阶段，各监测点位移突然大幅增长，荷载出现突然降低，表明此时水库滑坡-抗滑桩体系发生破坏[图 7.36（d）]。

（a）初始变形阶段

（b）协同变形阶段

（c）非协同变形阶段

（d）破坏阶段

图 7.36　滑坡表面宏观变形

## 7.2.3　变形失稳模式探讨

通过提取不同时刻中轴线处监测点位移数据，可以绘制不同时刻滑坡表面形态，从而描述水库滑坡−抗滑桩体系整个变形演化与失稳过程，如图 7.37 所示。由图 7.37 可知，滑坡初始变形阶段，荷载增加至 3 000 N 时仅后缘出现轻微顺坡向变形，未出现隆起等强烈宏观变形现象；当变形进入协同变形阶段，后缘推力增大至 4 000 N 时，桩后变形基本与初始变形一致，仅位移量有所增大，桩后仍未出现明显隆起变形；然而当演化进入非协同变形阶段，荷载增大至 5 000 N 时，滑坡模型后缘位移量明显增大，此外桩后隆起变形开始出现；当荷载进一步增大至 5 500 N 时，非协同变形越发剧烈，桩后隆起强烈，桩后滑体整体呈越顶滑移趋势；当后缘推力增大至 6 278 N 时，水库滑坡−抗滑桩体系发生破坏，此时桩后土体位移迅速增大，荷载骤然降低，表明滑带贯通，滑坡发生失稳破坏，失稳后滑坡形态如图 7.37（b）所示。水库滑坡−抗滑桩体系变形演化过程中滑体内部连续形成多层滑面，如图 7.37（a）所示。滑面受体系变形演化影响不断扩展贯通，滑面的持续发展也加快体系变形演化，并最终促使滑坡发生迅速的大幅滑移。

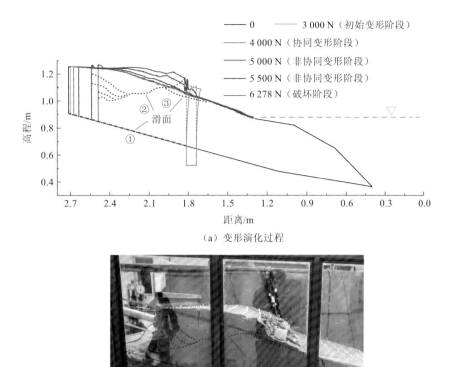

（a）变形演化过程

（b）失稳模式

图 7.37　试验过程中滑坡变形演化过程与失稳模式

## 7.3　水位波动条件下水库滑坡-抗滑桩体系变形演化规律

当前三峡库区库水位在 145～175 m 波动，库区内水库滑坡与水库滑坡-抗滑桩体系前缘将遭受周期性水位波动作用。开展水位波动条件下水库滑坡-抗滑桩体系变形响应特征模型试验研究对深入理解库区内水库滑坡-抗滑桩体系变形演化机理具有重要意义。以下将介绍水位波动条件下水库滑坡-抗滑桩体系模型试验，并基于试验结果探讨水位波动条件下水库滑坡-抗滑桩体系的变形特征。

### 7.3.1　试验设计

本节物理模型试验中滑坡模型、抗滑桩和监测布置与 7.2 节均保持一致，与 7.2 节不同的是在滑坡前缘需施加周期性库水位波动（图 7.1），以研究水位波动条件下水库滑坡-抗滑桩体系的变形演化特征。长期水位波动会导致岩土体物理力学性质发生劣化，从而使滑坡剩余推力增加且使滑坡稳定性降低，因此试验中通过施加后缘推力模拟滑坡推力的不断增加。此外，为使多次水位波动后应力边界条件更为合理，后缘推力以恒定增量增加。

试验加载与周期性水位波动设计如图 7.38 所示，当后缘推力每增加两级（1000N）并保持不变后，模型前缘随即施加周期性水位波动，后缘推力和水位波动坚持分步实施。后缘推力的每级荷载（500N）耗时 1h，每级荷载均包括加载与维持两个阶段；每次水位波动耗时 2h，包括四个阶段（水位下降、最低水位、蓄水和最高水位），各阶段分别耗时 0.5h。

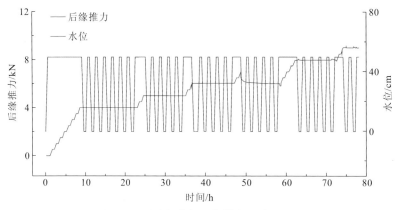

图 7.38　试验加载与周期性水位波动设计

## 7.3.2　孔隙水压力响应特征

水位波动条件下试验孔隙水压力变化曲线如图 7.39 所示。由监测结果可知，总体而言试验过程中坡体中不同位置的孔隙水压力响应基本受水力边界变化所控制，即前缘水位上升时孔隙水压力上升，反之则下降，因此地下水位响应整体规律性较强。这表明基于该模型试验平台与试验设计，可以较好地模拟水位变动情况下坡内渗流场的演化，这为后续水库滑坡−抗滑桩体系变形响应特征分析奠定了坚实基础。

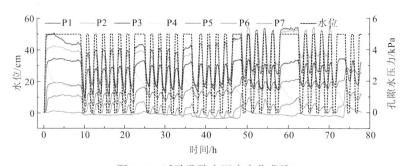

图 7.39　试验孔隙水压力变化曲线

将孔隙水压力转化为地下水位高度，并将多个不同时间点的地下水位绘制于同一张图，从而更加清晰地展示水位波动条件下地下水位时空演化特征。

0～1h，初次蓄水地下水位变化情况如图 7.40 所示。坡体不同位置孔隙水压力计开始响应的时间不同，监测结果显示水位上升至坡脚后，孔压计 P1 的孔隙水压力立即增大，而 P3 则在约 20min，水位上升至 40cm 时才产生响应，这种滞后现象与相似材料的渗透性及渗透路径有关。本模型相似材料主要用来模拟松散堆积层，因此在蓄水条件下滑体快速饱和，地下水位响应的滞后现象并不十分明显。另外，从地下水位线的形状来看，水从模型表面垂直渗入坡体，并先使其前缘饱和，水位线呈内凹状，随后才逐渐水平，符合坡体中二维渗流规律。

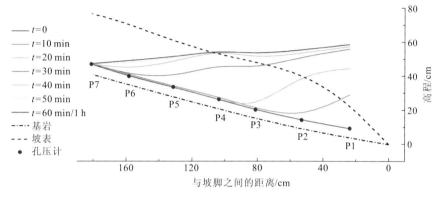

图 7.40　初次蓄水地下水位变化情况

以第 7 次水位波动为例，分析水库波动条件（蓄水与排水）下地下水位时空演化特征（图 7.41）。总体而言，坡体中的水位变动带位于某一固定高度以上，而非涉及整个坡体。因此，水位下降过程中可能存在排水不彻底的情况，即具有排水滞后现象，这与图 7.40 初次蓄水过程中地下水位响应情况明显不同，表明水位循环波动中坡体存在进水易而排水难的现象。另外，水位下降过程中指向坡外的动水压力与滞后时间成正比，而指向坡外的动水压力对坡体稳定性具有不利影响。此外，还可以发现不同水力条件下，地下水位响应规律不同，图 7.41（a）所示的排水过程中渗流方向指向坡外，水位变动带后缘与前缘相比受坡外水位变化影响更为敏感，即响应速度更快；而图 7.41（b）所示的蓄水过程中前缘响应更为敏感。推测该现象发生原因为蓄水与排水过程渗透路径差异较大。

## 7.3.3　位移场与宏观变形演化特征

图 7.42 为试验过程中桩后滑坡表面宏观变形情况。由图 7.42 可知，随着后缘推力的增加，桩后隆起变形越来越明显。同时，相应的滑坡表面宏观变形（剥离、裂缝和垮塌）也在不断变化。在试验进行至 25.5 h，后缘推力增加到 5000 N 时，由于土体被压缩且滑坡模型滑坡表面起伏不平，桩后区域出现了一定程度的隆起及土体剥离；37.0 h 时，桩后出现了约 5 cm 高的隆起，土体剥离的范围更大且程度更严重；49.0 h 时，桩后的隆起高达 10 cm，同时形成了一条具有纵向分支的横向拉张裂缝，长约 50 cm，宽约 1 cm；71.0 h 时，模型表面又出现了新的纵向和横向裂缝，两者长度分别为 50 cm 和 0.5 cm；在 78.0 h，推力达到 9000 N 时，隆起高度增大至约 20 cm，所有拉伸裂纹均出现扩展与加剧。其中，宽约 2 cm 的横向裂纹及宽约 1 cm 的纵向裂纹贯穿滑坡表面，同时由于坡形变得更为陡峭，部分土体剥离，从桩后垮塌至桩前。

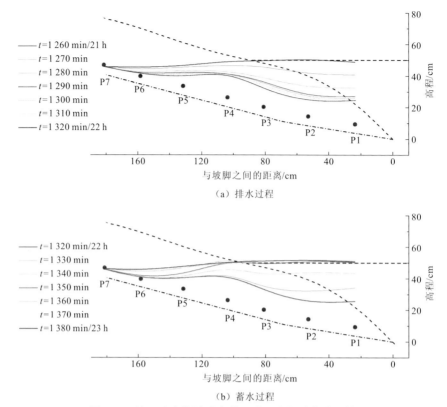

（a）排水过程

（b）蓄水过程

图 7.41 第 7 次水位波动条件下地下水位时空演化特征

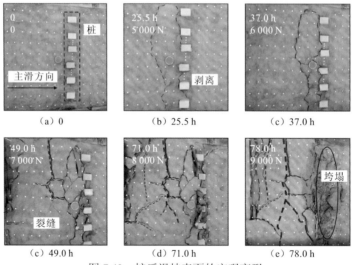

（a）0 （b）25.5 h （c）37.0 h

（c）49.0 h （d）71.0 h （e）78.0 h

图 7.42 桩后滑坡表面的宏观变形

本次试验中长期水位波动严重改变了该滑坡模型前缘的地形，成功地模拟了涉水边坡前缘景观演化—库岸再造这一典型现象。总体而言，该区域的变形特征为渐进后退，表现为地形边界的不断后退（图 7.43）。通过在破坏前是否形成拉张裂缝，该渐进后退式变形被分为两种形式——侵蚀与牵引破坏。

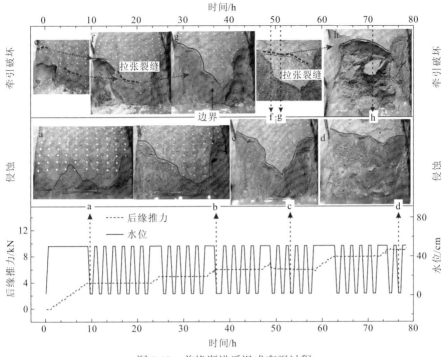

图 7.43　前缘渐进后退式变形过程

如图 7.43a 所示,尽管第 1 次水位波动下的侵蚀变形几乎没有导致滑坡坡形发生变化,但随着波动周期的增加,坡形逐渐被重塑,坡面也越来越陡（图 7.43b）,随后周期性侵蚀导致前缘坡度进一步增加。第 18 次和第 19 次水位下降期间,前缘出现两次小规模的牵引破坏（图 7.43f、g）。如图 7.43c 所示,经过 20 次水位波动,前缘坡度已达 50°,远大于滑体材料内摩擦角。在第 27 次水位下降期间（87.6 h）,滑体迅速被 50 cm 的拉张裂缝分离,随后出现了大规模牵引破坏（影响范围约为 50 cm×50 cm×40 cm）。（图 7.43h）因为滑塌之后滑坡体在坡脚处堆积而未被清理,所以其对前缘变形起到了一定抑制作用。因此,后续试验中即使水位仍持续波动,但并没有引发进一步牵引破坏（图 7.43d）。

总之,包括侵蚀和牵引破坏在内的前缘渐进后退式变形是一个长期过程。侵蚀变形导致前缘坡形越来越陡峭,累计的坡形变化又进一步造成垮塌,甚至牵引破坏,长期影响下相对稳定的前缘抗滑段体积不断减少,因此也进一步降低了水库滑坡-抗滑桩体系的稳定性。

试验中通过三维激光扫描技术对不同时刻的坡面进行扫描采样可以获得滑坡模型滑坡表面更为细致的变形演化过程,以进一步分析体系变形演化规律（图 7.44）。由图 7.44 可知,总体而言,水库滑坡-抗滑桩体系在后缘推力及前缘长期水位波动下变形特征具有明显的区域性,大体可划分为三部分:桩后滑体的隆起变形,桩前土体的相对稳定及前缘滑体的渐进后退式牵引变形。抗滑桩抗滑效果明显,后缘推力引起的剧烈变形被阻挡于桩后,从而使桩前滑体处于相对稳定状态。滑坡前缘虽然受后缘推力影响较小,但是周期性水位波动作用下仍不可避免地导致了前缘大规模牵引破坏的发生。

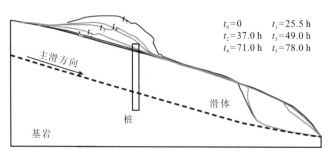

图 7.44　水位波动条件下水库滑坡−抗滑桩体系的变形特征

第 8 章

**基于数值模拟的水库滑坡-抗滑桩体系多场响应特征与演化机理**

# 8.1 基于 CS-SVM-FEM 的滑坡渗透系数反演方法

水库滑坡具有以渗流场周期性变化为主导的多场信息演化特征，通过对滑坡地下水位的监测及库水位的变化情况，可以直接看出滑坡坡内地下水位对库水位的动态响应情况。但是由现场监测数据并不能完全获取水库滑坡渗流场的周期性变化规律及其对滑坡稳定性的影响，仍需辅以理论分析或数值模拟等手段进行深入研究。无论是理论分析还是数值模拟，均要首先确定滑坡岩土体的渗透系数。传统确定滑坡岩土体渗透系数的方法为室内外试验法，这种方法虽然简单方便，但是由于试验数据随取样位置和状态的不同而存在较大的离散性与不均匀性，其结果往往难以反映滑坡体综合的渗流参数，从而无法用于滑坡渗流场分析。此外，受现实条件的限制，也难以对滑坡深部岩体进行相关试验。

水库滑坡渗流场属于非稳定渗流，与库水位的波动及其升降速率、滑坡岩土体渗透特性等因素有关。同时，因为滑坡包含多种岩土体材料，所以滑坡渗透系数与地下水位之间的关系属于复杂的非线性关系，难以直接用公式来表达。许多研究表明，通过参数反演可以有效地解决非均质性材料参数难以获取的问题。因此，本章将采用数学参数反演的方法获取马家沟滑坡的渗流参数。在众多数学反演方法中，支持向量机（support vector machine，SVM）针对复杂非线性问题具有很好的适应性。其具体步骤是：首先确定需要反演参数的区间分布，然后借助于 GeoStudio 软件中的渗流分析模块 SEEP/W 生成坝体渗透系数与对应钻孔水头的数据学习样本，利用改进的 SVM 模型建立渗透系数与坝体钻孔水头之间的非线性关系式，最后通过钻孔内地下水位监测数据智能反演坝体渗透系数（王迎东，2014）。本章借鉴上述方法，以马家沟滑坡为研究对象进行渗透系数的智能反演，为滑坡岩土体非均质渗透系数的获取提供一种新的思路。

## 8.1.1 基于 CS-SVM 的滑坡渗透系数反演方法

### 1. 改进的 SVM 反演方法

滑坡地下水位与坡内岩土体层材料的渗透系数之间存在着复杂的非线性关系，难以用解析式来表达。直接反演滑坡渗流场参数对于数据的要求极高，在现场监测数据样本有限的情况下，通过直接法反演会出现较大的误差。SVM 是由 Vapnik（1998）提出的一种分类算法，通过寻求结构化风险最小来提高学习机泛化能力，实现经验风险和置信范围的最小化，从而达到在统计样本量较少的情况下，也能获得良好统计规律的目的。还有很多学者基于不同的研究目的对 SVM 进行了改进，使其能够应用于各个不同的研究领域，其中包括边（滑）坡工程的稳定性评价、预测预警及参数反演等。

布谷鸟搜索（cuckoo search，CS）算法是由剑桥大学杨新社教授和 S.Deb 于 2009 年基于莱维飞行提出的一种智能优化算法（Yang and Des，2010），能够快速、有效地求解最优化问题。基于 CS 算法改进的 SVM（CS-SVM），是用 CS 算法来搜索 SVM 的最优参数，包括核函数参数和惩罚数，对于 SVM 回归算法，在不预先设定精度 $\varepsilon$ 时，也可用 CS 算法对其寻优。相关研究表明，在一定程度上参数的细微差别对回归效果起着举足轻重的作用，相比于遗传算法和粒子群算法，CS 算法在寻找全局最优时能够较好地考虑细微差别带来的影响，具有较高的回归相关度（王迎东，2014）。

### 2. 水库滑坡渗流参数反演数学模型

根据现场勘查和试验结果，马家沟滑坡存在多种地层材料并且各材料渗透性不一。为了研究水库滑坡渗流场随着库水位升降的宏观演化规律，需要将马家沟滑坡多层材料进行一定的简化，首先要剔除影响较小的地层材料，然后将其余主要地层假设为均质各向同性，其中岩体裂隙渗流问题也要简化为均质材料的渗流问题。

利用 SVM 来描述水头与待反演的滑坡体渗透系数之间的非线性关系时，可以用标准型支持向量机 SVM（$x_1$, $x_2$, ···, $x_m$）将反演问题描述为

$$SVM(\boldsymbol{X}) = \mathbf{R}^m \rightarrow \mathbf{R} \tag{8.1}$$

$$y = SVM(\boldsymbol{X}) \tag{8.2}$$

式中：$\boldsymbol{X} = (x_1, x_2, ···, x_m)$，为待反演的滑坡岩土体渗透系数，以向量的形式表示；$y$ 为对应的渗透系数下滑坡某点的水头值。

在给定一定数量的样本数据的基础上，可基于样本数据供 SVM 进行学习，构造出水头与渗透系数之间的非线性映射关系，表达式可以描述为

$$y(\boldsymbol{X}) = \sum_{i=1}^{n} (a_i^* - a_i) \cdot k(x_i \cdot x) + b \tag{8.3}$$

式中：$y(\boldsymbol{X})$ 为一组渗透系数 $\boldsymbol{X} = (x_1, x_2, ···, x_m)$ 对应的滑坡某点的水头值；$n$ 为构造的学习样本数据的个数；$k(x_i \cdot x)$ 为核函数；$a_i^*$ 和 $a_i$ 为 SVM 算法的拉格朗日乘子。

本次 SVM 模型中的核函数选择比较常用的径向基函数核（radial basis function，RBF），公式如下：

$$K(x_i \cdot x) = \exp\left( -\frac{\|x - x_i\|^2}{\sigma^2} \right) \tag{8.4}$$

式中：$\sigma$ 为核函数参数。

核函数与惩罚数利用 CS 算法全局寻优求得，基于此对样本数据进行学习，建立水头与渗透系数的非线性关系，然后再次使用 CS 算法搜寻函数最优解，获取与现场地下水位监测值所对应的渗透系数值。若存在多个监测孔的水头值，则可将目标函数设为各水头监测值与预测值的误差平方，求得该函数的最小值即反演得到的渗透系数所对应的水头值与实测的水头值最接近时，该渗透系数便为待反演参数，目标函数的表达式为

$$F(\boldsymbol{X}) = \sum_{i=1}^{l} (y - y_2)^2 \tag{8.5}$$

式中：$\boldsymbol{X} = (x_1, x_2, ···, x_m)$ 为一组待反演的渗透系数，以向量的形式表达；$l$ 为水头值监测点个数；$y_i$ 为第 $i$ 个监测点的水头实际值，而 $y$ 为公式（8.3）计算得到的第 $i$ 个

监测点的水头预测值。

通过找到一组适当的渗透系数 $X$，使得式（8.5）中目标函数值 $F(X)$ 最小，该组渗透系数 $X$ 便是最终要求的反演值。基于上述方法反演滑坡渗透系数的具体流程如图 8.1 所示。

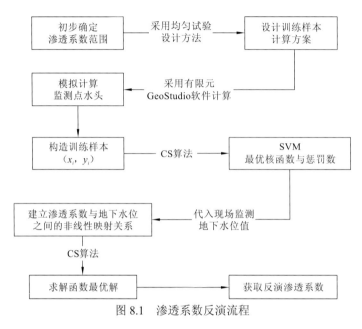

图 8.1 渗透系数反演流程

## 8.1.2 基于有限元方法的样本数据构造与参数反演

GeoStutio 软件是一套功能强大的应用于岩土工程模拟计算的专业软件，可以用于地下水渗流分析、边坡稳定性分析、岩土应力变形分析、地震动力响应分析等数值模拟计算，其中 SEEP/W 渗流分析模块可以用来分析二维稳态及瞬态饱和-非饱和渗流问题，用户可以自定义地层剖面、地层土水特征曲线、非饱和渗透函数及水力边界条件。本章采用该软件计算滑坡二维模型在库水位波动条件下的渗流场变化规律，在一定范围内均匀设计滑坡岩土体不同区域、不同材料的渗透系数，从而建立起滑坡渗透系数与滑坡内地下水位之间的非线性映射关系，为 SVM 提供学习样本。

1. 有限元模型建立

本章选取马家沟滑坡主剖面，基于渗流分析模块 SEEP／W 建立马家沟滑坡二维渗流模型。滑坡模型共含有冲洪积物、崩坡积物、残坡积物、砂岩夹粉砂质泥岩层、泥质粉砂岩与粉砂质泥岩互层及基岩这六种地层材料。考虑到滑坡体前缘最高水位与 145 m 库水位较为接近，在覆盖层中的冲洪积物、崩坡积物部分并未涉水，所以本次计算仅需要考虑地下水位以下三种材料的渗流参数即可。其中，因为模型计算时无法考虑岩体裂隙，所以将岩体裂隙渗流简化等效为连续介质的渗流问题。滑带土因为厚度较小，其渗透系数对整个滑坡地下水位影响也可以近似地忽略，所以该计算模型未考虑滑坡滑带。

马家沟滑坡 SEEP 计算模型如图 8.2 所示，模型水平宽度为 625.0 m，垂直高度为 286.0 m，采用三角形与四边形网格对模型进行网格划分，共剖分单元 8 798 个，节点 8 855 个。边界条件为两侧地下水位以下为定水头边界，其中右侧边界固定 242 m 水头，左侧边界固定 145 m 水头，右侧 242 m 以上设置为零流量边界，模型底部为不透水边界。在滑坡模型上设置三个水位监测孔，分别对应现场监测的 Jc1、Jc3 和 Jc8 综合监测孔。

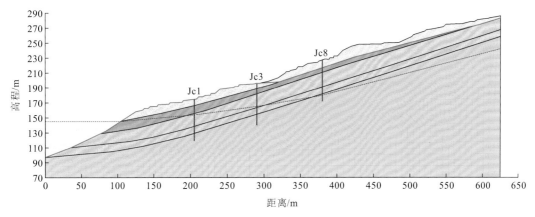

图 8.2　马家沟滑坡 SEEP 计算模型

待反演渗透系数的材料由上往下依次为覆盖层碎、块石土、含裂隙变形岩体及稳定基岩。由于碎石土的饱和渗透系数离散性很强，并且岩体内部的裂隙发育也比较复杂，直接通过室内试验难以掌握渗透系数的范围。本章的方法是依据试坑渗水试验和钻孔渗水试验结果，结合数值模型初始参数试算结果，并类比了当地相关工程，对三种地层渗透系数的数量级范围进行综合确定（表 8.1）。

表 8.1　滑坡岩土体材料渗透系数取值范围

| 滑坡地层 | 岩土体材料 | 渗透系数取值范围/（cm/s） |
|---|---|---|
| 残坡积物、冲洪积物 | 碎、块石土 | $1.0\times10^{-3}\sim1.0\times10^{-1}$ |
| 砂岩夹粉砂质泥岩 | 含裂隙变形岩体 | $1.0\times10^{-5}\sim1.0\times10^{-3}$ |
| 泥质粉砂砂岩与粉砂质泥岩互层 | 稳定基岩 | $1.0\times10^{-6}\sim1.0\times10^{-4}$ |

### 2. 机器学习样本数据构造

按照表 8.1 中滑坡不同区域岩土体渗透系数的取值范围，本章设计 $k_1$（碎、块石土）、$k_2$（含裂隙变形岩体）、$k_3$（稳定基岩）三个因子，每个因子取 40 个水平，即构造出 40 组 SVM 学习样本。然后依据均方误差准则生成均匀试验渗透系数，并代入渗流分析模型进行计算，获取模型监测点 Jc1、Jc3 和 Jc8 位置的水头值，从而得到 40 组渗透系数及其对应水位 $H_1$（Jc1）、$H_2$（Jc3）与 $H_3$（Jc8）的样本数据，部分数据见表 8.2。

表 8.2  渗透系数计算方案表

| 样本编号 | $k_1/(\times 10^{-2}\,\mathrm{cm/s})$ | $k_2/(\times 10^{-4}\,\mathrm{cm/s})$ | $k_3/(\times 10^{-5}\,\mathrm{cm/s})$ | $H_1/\mathrm{m}$ | $H_2/\mathrm{m}$ | $H_3/\mathrm{m}$ |
|---|---|---|---|---|---|---|
| 1 | 2.00 | 4.75 | 9.75 | 155.38 | 168.98 | 176.22 |
| 2 | 7.75 | 6.00 | 8.75 | 148.09 | 167.87 | 177.07 |
| 3 | 0.50 | 1.75 | 7.00 | 157.29 | 171.67 | 178.54 |
| 4 | 1.75 | 3.25 | 0.75 | 155.70 | 170.32 | 183.82 |
| 5 | 4.50 | 5.25 | 5.25 | 152.21 | 168.54 | 180.02 |
| 6 | 8.25 | 6.75 | 6.75 | 147.45 | 167.20 | 178.75 |
| 7 | 1.25 | 5.50 | 7.75 | 156.33 | 168.31 | 177.91 |
| 8 | 0.25 | 6.25 | 3.50 | 157.60 | 167.64 | 181.50 |
| 9 | 6.00 | 5.00 | 1.00 | 150.31 | 168.76 | 183.61 |
| 10 | 1.50 | 9.00 | 3.25 | 156.02 | 165.18 | 181.71 |
| 11 | 8.50 | 2.25 | 0.50 | 147.13 | 171.22 | 184.03 |
| 12 | 4.75 | 9.50 | 7.25 | 151.89 | 164.74 | 178.33 |
| 13 | 3.00 | 4.00 | 8.50 | 154.11 | 169.65 | 177.28 |
| 14 | 9.25 | 8.25 | 9.50 | 146.18 | 165.85 | 176.43 |
| 15 | 6.25 | 2.50 | 10.00 | 149.99 | 171.00 | 176.01 |
| 16 | 0.75 | 7.25 | 6.00 | 156.97 | 166.75 | 179.39 |
| 17 | 6.75 | 4.25 | 5.75 | 149.35 | 169.43 | 179.60 |
| 18 | 6.50 | 8.00 | 6.50 | 149.67 | 166.08 | 178.96 |
| 19 | 2.50 | 2.75 | 4.25 | 154.75 | 170.77 | 180.86 |
| 20 | 5.25 | 7.50 | 9.25 | 151.26 | 166.53 | 176.64 |
| 21 | 7.50 | 10.00 | 1.50 | 148.40 | 164.29 | 183.18 |
| 22 | 5.00 | 0.50 | 3.75 | 151.58 | 172.78 | 181.29 |
| 23 | 5.50 | 1.25 | 4.75 | 150.94 | 172.11 | 180.44 |
| 24 | 8.75 | 3.50 | 5.50 | 146.82 | 170.10 | 179.81 |
| 25 | 4.25 | 2.00 | 9.00 | 152.53 | 171.44 | 176.85 |
| 26 | 3.25 | 7.00 | 1.25 | 153.80 | 166.97 | 183.40 |
| 27 | 3.50 | 0.25 | 6.25 | 153.48 | 173.01 | 179.18 |
| 28 | 7.25 | 0.750 | 8.00 | 148.72 | 172.56 | 177.70 |
| 29 | 1.00 | 1.00 | 1.75 | 156.65 | 172.34 | 182.97 |
| 30 | 2.25 | 9.75 | 8.25 | 155.06 | 164.51 | 177.49 |
| 31 | 5.75 | 8.50 | 0.25 | 150.62 | 165.63 | 184.24 |
| 32 | 9.75 | 3.00 | 7.50 | 145.55 | 170.55 | 178.12 |
| 33 | 9.50 | 1.50 | 2.50 | 145.86 | 171.89 | 182.34 |
| 34 | 4.00 | 3.75 | 2.25 | 152.84 | 169.88 | 182.55 |
| 35 | 8.00 | 4.50 | 3.00 | 147.77 | 169.21 | 181.92 |
| 36 | 3.75 | 7.75 | 2.75 | 153.16 | 166.30 | 182.13 |

续表

| 样本编号 | $k_1/(\times10^{-2}\,\mathrm{cm/s})$ | $k_2/(\times10^{-4}\,\mathrm{cm/s})$ | $k_3/(\times10^{-5}\,\mathrm{cm/s})$ | $H_1/\mathrm{m}$ | $H_2/\mathrm{m}$ | $H_3/\mathrm{m}$ |
|---|---|---|---|---|---|---|
| 37 | 2.75 | 8.75 | 5.00 | 154.43 | 165.41 | 180.23 |
| 38 | 9.00 | 9.25 | 4.50 | 146.50 | 164.96 | 180.65 |
| 39 | 10.00 | 5.75 | 4.00 | 145.23 | 168.09 | 181.07 |
| 40 | 7.00 | 6.50 | 2.00 | 149.04 | 167.42 | 182.76 |

由表 8.2 可以看出，滑坡岩土体渗透系数取值范围存在着较大的数量级差异，为避免因素间量级差异而造成的数据训练误差，并解决数据指标之间的可比性问题，需要对三种材料的渗透系数取值做数据标准化处理。这里基于式（8.6）采用直线型标准化处理，将渗透系数数据处理为（0，1）范围的小数：

$$X_{\mathrm{norm}}=\frac{X-X_{\min}}{X_{\max}-X_{\min}} \tag{8.6}$$

式中：$X_{\mathrm{norm}}$ 为标准化后的渗透系数代表值；$X$ 为原始渗透系数；$X_{\max}$、$X_{\min}$ 分别为原始渗透系数值中的最大值、最小值。可以看出，三种材料的渗透系数经过数据标准化处理后，各指标处于同一数量级，适合进行对比和数据分析（表 8.3）。

表 8.3　渗透系数标准化处理样本

| 样本编号 | $k_1/(\mathrm{cm/s})$ | $k_2/(\mathrm{cm/s})$ | $k_3/(\mathrm{cm/s})$ | $H_1/\mathrm{m}$ | $H_2/\mathrm{m}$ | $H_3/\mathrm{m}$ |
|---|---|---|---|---|---|---|
| 1 | 0.179 5 | 0.461 5 | 0.974 4 | 155.38 | 168.98 | 176.22 |
| 2 | 0.769 2 | 0.589 7 | 0.871 8 | 148.09 | 167.87 | 177.07 |
| 3 | 0.025 6 | 0.153 8 | 0.692 3 | 157.29 | 171.67 | 178.54 |
| 4 | 0.153 8 | 0.307 7 | 0.051 3 | 155.70 | 170.32 | 183.82 |
| 5 | 0.435 9 | 0.512 8 | 0.512 8 | 152.21 | 168.54 | 180.02 |
| 6 | 0.820 5 | 0.666 7 | 0.666 7 | 147.45 | 167.20 | 178.75 |
| 7 | 0.102 6 | 0.538 5 | 0.769 2 | 156.33 | 168.31 | 177.91 |
| 8 | 0.000 0 | 0.615 4 | 0.333 3 | 157.60 | 167.64 | 181.50 |
| ⋮ | ⋮ | ⋮ | ⋮ | ⋮ | ⋮ | ⋮ |
| 32 | 0.974 4 | 0.282 1 | 0.743 6 | 145.55 | 170.55 | 178.12 |
| 33 | 0.948 7 | 0.128 2 | 0.230 8 | 145.86 | 171.89 | 182.34 |
| 34 | 0.384 6 | 0.359 0 | 0.205 1 | 152.84 | 169.88 | 182.55 |
| 35 | 0.794 9 | 0.435 9 | 0.282 1 | 147.77 | 169.21 | 181.92 |
| 36 | 0.359 0 | 0.769 2 | 0.256 4 | 153.16 | 166.30 | 182.13 |
| 37 | 0.256 4 | 0.871 8 | 0.487 2 | 154.43 | 165.41 | 180.23 |
| 38 | 0.897 4 | 0.923 1 | 0.435 9 | 146.50 | 164.96 | 180.65 |
| 39 | 1.000 0 | 0.564 1 | 0.384 6 | 145.23 | 168.09 | 181.07 |
| 40 | 0.692 3 | 0.641 0 | 0.179 5 | 149.04 | 167.42 | 182.76 |

### 3. 渗透系数反演

将表 8.3 标准化处理后的渗透系数及其对应的水头值作为机器学习的样本数据，采用 SVM 模型并以 RBF 为核函数，基于 CS 算法对三个监测孔 Jc1、Jc3 和 Jc8 的 SVM 模型进行参数寻优，获取的各 CS-SVM 模型参数见表 8.4。

表 8.4　CS-SVM 模型参数

| 监测孔号 | 惩罚数$C$ | 核参数 |
|---|---|---|
| Jc1 | 6.584 1 | 0.293 7 |
| Jc3 | 53.361 6 | 0.116 3 |
| Jc8 | 20.597 0 | 0.206 4 |

将表 8.4 中的惩罚数、核参数代入对应钻孔的 SVM 模型，然后将现场监测获取的 145 m 静水位时钻孔实测水头值代入目标函数式（8.7）中，反演滑坡体的渗透系数。

$$F(\boldsymbol{X}) = \sum_{i=1}^{3}(H_1 - H_2)^2 \tag{8.7}$$

式中：$\boldsymbol{X}=(k_1, k_2, k_3)$ 为利用 CS 算法调用上述所建立的 SVM 模型，来对目标函数全局寻优即求取最小值，从而得到一组渗透系数，其对应的水头值与监测值之间的误差最小，该组渗透系数即滑坡岩土体渗透系数反演结果。

将表 8.5 中反演结果代入渗流分析模块 SEEP/W 进行渗流稳态分析，获得 Jc1 钻孔水位为 156.73 m，Jc3 钻孔水位为 166.57 m，Jc8 钻孔水位为 179.85 m，与现场实际水头值较为吻合，这充分证明了基于 CS-SVM 与有限元方法相结合的方法反演水库滑坡地下水位是准确、可行的。

表 8.5　滑坡岩土体材料渗透系数反演取值

| 岩土体材料 | $k_1/$（cm/s） | $k_2/$（cm/s） | $k_3/$（cm/s） |
|---|---|---|---|
| 渗透系数反演值 | $1.17\times10^{-2}$ | $6.43\times10^{-4}$ | $5.72\times10^{-5}$ |

## 8.1.3　基于有限元方法的水库滑坡渗流场演化特征

### 1. 三峡水库调度概化模型

三峡水库试验性蓄水自 2010 年开始实施在 145～175 m 水位波动，根据 2014～2016 年的实际库水位调度情况（图 8.3），可将其变化过程分为五个阶段，概化的库水位波动曲线如图 8.4 所示。

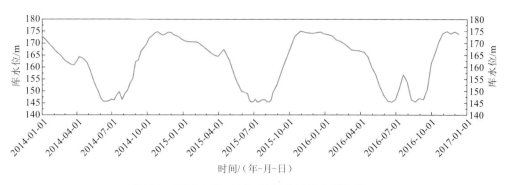

图 8.3　三峡水库 2014～2016 年库水位调度图

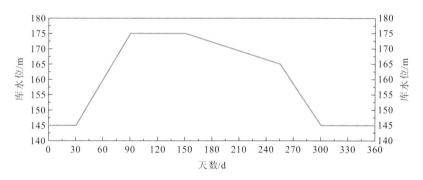

图 8.4　三峡水库库水位波动概化模型

这五个阶段分别如下。

（1）快速蓄水阶段：每年的 10 月初～11 月底，库水位由 145 m 高程快速地上升至 175 m 高程，该过程历时约 60 d，水位上升幅度为 30 m，上升速率为 0.5 m/d。

（2）高位运行阶段：每年的 11 月底～12 月底，库水位处于高水位运行阶段，该过程历时约 60 d，水位稳定在 175 m 高程左右。

（3）缓慢下降阶段：每年的 1 月初～次年的 4 月上旬，库水位处于缓慢下降阶段，该过程历时 100 d，水位降幅约 10 m，下降速率约 0.1 m/d。

（4）快速下降阶段：每年的 4 月中旬～6 月初，库水位处于快速下降阶段，该过程历时 50 d，水位降幅约 20 m，下降速率约 0.4 m/d。

（5）低位运行阶段：每年的 6 月初～9 月底，库水位处于低水位运行阶段，历时 120 d，水位保持在 145 m 左右。

根据上述库水位波动概化模型，可将水位高程 $H(t)$ 与时间 $t$（单位：d）的关系简化为式（8.8），以此作为数值试验中滑坡模型左侧的水力边界条件：

$$H(t) = \begin{cases} 0.5t + 145, & t \in [30, 90] \\ 175, & t \in (90, 150] \\ -0.1t + 187, & t \in (150, 250] \\ -0.4t + 253, & t \in (250, 300] \\ 145, & t \in (0, 30) \cup (300, 360] \end{cases} \quad (8.8)$$

## 2. 地下水浸润线变化特征

基于 GeoStudio 数值分析软件中的 SEEP/W 渗流分析模块，采用图 8.2 中滑坡渗流分析模型，结合 8.1.2 小节反演的渗透系数计算滑坡地下渗流场在库水位波动条件下的变化特征。将滑坡左侧水头边界改为式（8.8）中概化的库水位波动水头边界条件进行瞬态渗流计算。计算结果如图 8.5～图 8.8 所示，分别揭示了库水位升降条件下滑坡地下水浸

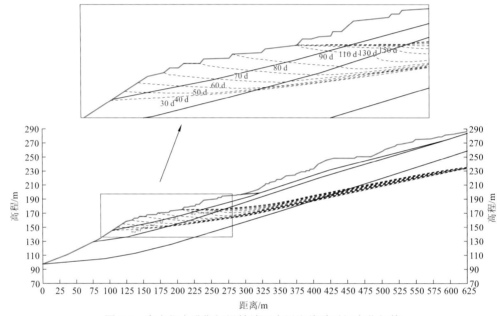

图 8.5　库水位上升期间滑坡地下水浸润线随时间变化规律

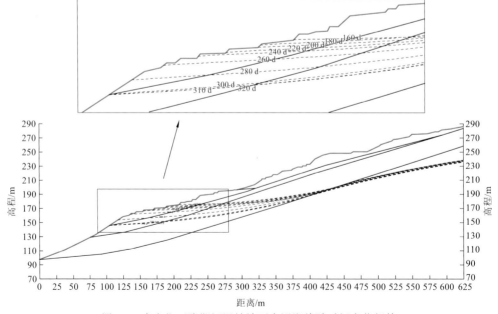

图 8.6　库水位下降期间滑坡地下水浸润线随时间变化规律

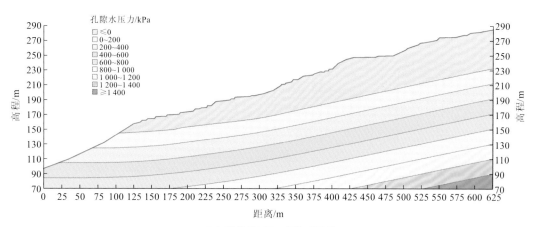

（a）稳定在 145 m 水位（30 d）

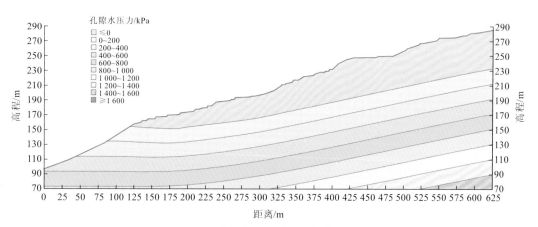

（b）升至 155 m 水位（50 d）

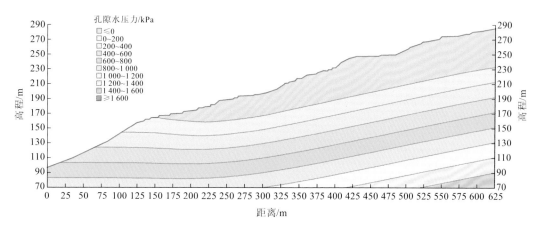

（c）升至 165 m 水位（70 d）

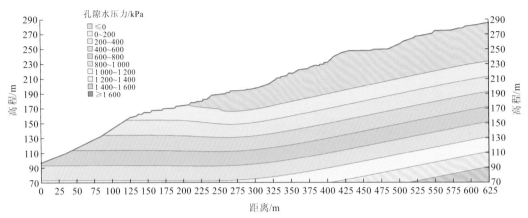

（d）升至175 m水位（90 d）

图8.7 库水位上升期间孔隙水压力变化云图

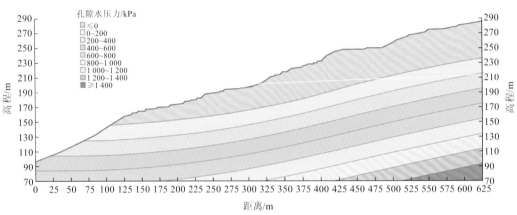

（a）稳定在175 m水位（150 d）

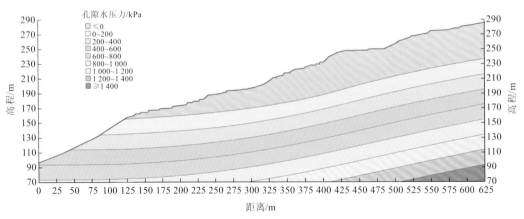

（b）降至165 m水位（220 d）

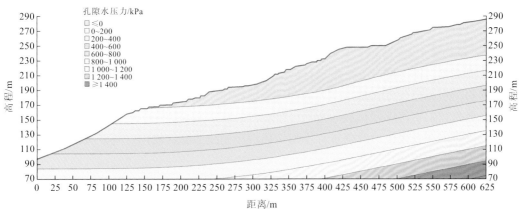

（c）降至 155 m 水位（245 d）

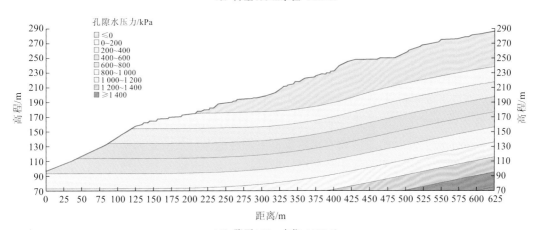

（d）降至 145 m 水位（300 d）

图 8.8　库水位下降期间孔隙水压力变化云图

润线及孔隙水压力云图随着时间的变化规律，图中仅展示了部分时间的滑坡浸润线及孔隙水压力特征。根据模拟结果，分析其孔隙水压力和地下水浸润线变化过程可知：

（1）在库水位升降过程中，由于滑体中的碎石土渗透系数较大，滑坡前缘随库水位几乎同步升降，滑坡浸润线波动范围由前往后逐渐减小。在库水位上升期间（30 d，90 d），库水位以 0.5 m/d 的速率由 145 m 低水位升高至 175 m 水位，由图 8.5 可知在 50 d 时浸润线开始凹向坡内，坡内地下水位上升开始滞后于库水位，随后在 90 d 时库水位上升至 175 m，此时在两种地层交界面处浸润线出现明显的滞后现象，直至 150 d 时坡内浸润线才达到峰值地下水位，滞后时间在 60 d 左右。库水位蓄水过程中渗流场属于向内补给型，浸润线内凹倾向坡体内，形成指向坡内的渗透压力作用，这是有利于滑坡稳定的。

（2）在库水位下降期间（150 d，300 d），库水位先是以 0.1 m/d 的速率由 175 m 高水位缓慢降至 165 m 高水位，再以 0.4 m/d 的速率由 165 m 水位快速降至 145 m 水位。由图 8.6 可以看出，随着库水位的下降，滑坡前部浸润线始终与库水位保持水平，而滑坡中部浸润线的倾角则逐渐增大，在库水位快速下降阶段，倾角变化速度也变快，浸润线斜率明显升高。浸润线倾角的增大可以表明滑坡前部和中后部之间的水头差逐渐增加，使得坡体内渗透压力增加，不利于滑坡的稳定。

3. 地下水动水压力变化特征

从滑坡体内部角度来看，库水位波动对滑坡的影响是因为库水升降改变了滑坡地下渗流场的动水压力条件。动水压力的变化导致坡体内应力场的重新分布，进而体现在滑坡的变形响应上。由库水位波动特征可以看出三峡水库是骤升缓降的，由上述数值模拟结果可以看出在库水位的升降过程中滑坡体内浸润线的变化规律，所以其动水压力也会表现出不同的变化特征。

根据达西定律和渗流理论，坡体内的动水压力与地下水位水头差的关系可以用式（8.9）表示：

$$J = \frac{\Delta h}{L} \gamma_{w} LA = i \gamma_{w} LA \qquad (8.9)$$

式中：$J$ 为动水压力；$\Delta h$ 为水头差；$L$ 为渗流路径长度；$\gamma_{w}$ 为水的重度；$i$ 为水力梯度；$A$ 为过水断面面积。

由式（8.9）可知在渗流路径和过水断面一定的情况下，滑坡内地下水位与动水压力成正比。在以上库水位升降条件下滑坡浸润线的数值模拟结果基础上，可以进一步研究、分析滑坡体内动水压力的变化特征。

（1）库水位上升时的滞后效应比库水位下降时的滞后效应更为明显，滞后主要发生在基覆界面处，造成局部的水头差突增，但是库水位上升时坡体内地下水位水头差是逐渐减小的。因此，局部增大的动水压力的主要影响仅在滑坡前缘基覆界面附近的小范围内，而在整体上滑坡内的动水压力在逐渐减小。

（2）当库水位下降时，其滞后效应主要发生在渗透系数较低的变形岩体内，虽然不如库水位上升时地下水位滞后效果明显，但是其影响范围较大。此外，在库水位下降过程中，前缘水位下降速度快，而中后部地下水位下降速度慢，造成地下水头差逐渐增加，从而在整体上滑坡内的动水压力也在逐渐增加。

综上所述，库水下降时产生的动水压力值和滑坡受影响范围均要大于库水上升时的动水压力值及滑坡受影响范围。

# 8.2 水库滑坡-抗滑桩体系数值模型与计算参数

## 8.2.1 FLAC3D 流固耦合方法简介

FLAC3D 全称为三维快速拉格朗日差分方法（fast Lagrangian analysis of continua 3D），是力学计算的数值方法之一，其计算原理是将计算范围划分为若干个单元，单元的网格大小可以根据所模拟材料的变形而改变。目前 FLAC3D 是美国 Itasca 公司旗下的著名的岩土类数值计算软件，不仅能够解决岩土体一般的力学和变形问题，还能够计算、模拟流体渗流等力学过程。渗流模型可以独立于力学计算而进行，也可以为了描述流体和固体的耦合特性，与固体模型并行计算。例如，土体的固结就是一类典型的流固耦合现象，在固结过程中孔隙压力逐渐消散，从而导致了固体的位移。这种行为包含了两种力学效应。其一，孔隙水压力的改变导致了有效应力的改变，有效应力的改变影响了固体的力学性能。例如，有效应力的降低可能引发塑性屈服。其二，土体中的流体对孔隙体积的变化产生反作用，表现为孔隙水压力的变化。

FLAC3D 具有强大的渗流计算功能，不仅可以解决完全饱和土体中的渗流，也可以分析有浸润线定义的饱和与非饱和区的渗流计算。在 FLAC3D 流固耦合数值分析方法中，不考虑温度的影响，流体的运移满足式（8.10）的连续性方程（陈育民和徐鼎平，2009）：

$$\frac{1}{M_\mathrm{b}}\frac{\partial p}{\partial t} + \frac{n}{s}\frac{\partial s}{\partial t} = \frac{1}{s}(-q_{i,i} + q_v) - \alpha\frac{\partial \varepsilon_\theta}{\partial t} \tag{8.10}$$

式中：$M_\mathrm{b}$ 为 Biot 模数，N/m$^2$；$\alpha$ 为 Biot 系数；$p$ 为孔隙水压力；$s$ 为饱和度；$\varepsilon_\theta$ 为多孔介质的体应变；$q_{i,i}$ 为渗流速度；$q_v$ 为被测体积的流体源强度。

在不可压缩骨架的组成的特殊情况下，$\alpha$ 默认为 1。此时，Biot 模数 $M_\mathrm{b}$ 可定义为

$$M = K_\mathrm{u} - K = K_\mathrm{f} / n \tag{8.11}$$

式中：$K_\mathrm{u}$ 和 $K$ 分别为材料的不排水体积模量和排水条件下的体积模量；$K_\mathrm{f}$ 为流体体积模量；$n$ 为材料的孔隙率。在 FLAC3D 软件手册中介绍了计算时步 $\Delta t$ 与流体体积模量 $K_\mathrm{f}$ 之间成反比，所以说使用较低的流体模量可以加快问题的收敛，但为了提高计算效率的同时又保持数值计算的稳定性，需要确定一个较为合适的流体体积模量值。

对于室温下的纯水，流体体积模量为 $2 \times 10^9\,\mathrm{Pa}$，考虑到实际土体材料中孔隙水中含有空气气泡，体积模量有所降低。而从数值分析的角度，相对于固体的体积模量 $K$ 和剪切模量 $G$，流体模量不必大于 20 倍的 $(K+4/3G)/X^2$ 和 $(K+4/3G)/n$。根据滑坡模型材料的体积模量和剪切模量的取值情况，本节计算将水的体积模量设置为 $2 \times 10^7\,\mathrm{Pa}$。此外，在进行流固耦合分析时，将流体抗拉强度设置为 0，不考虑负孔隙水压力。

## 8.2.2　水库滑坡-抗滑桩体系数值模型

马家沟滑坡在进行现场抗滑桩试验之前，经历了 2003～2007 年的无桩阶段及 2007～2011 年的工程桩阶段。滑坡在无桩阶段时并未进行监测，也无工程调查资料，滑坡治理后的工程桩阶段仅监测了滑坡表面位移和桩顶位移。基于现有资料，无法对比植入桩前后的滑坡多场变化规律。为能够客观地研究植入工程桩及试验桩以后滑坡多场特征变化规律，需要克服时间和空间上的限制，而通过数值模拟方法可以经济、高效地实现此研究目的。

在进行滑坡数值建模时，可以选择二维或三维模型。采用二维模型可显著地提高计算效率，但是二维模型的缺点是无法充分考虑抗滑桩的桩土相互作用，也无法进行桩间的渗流或应力方面的研究。因此，本节水库滑坡-抗滑桩体系数值模拟采用假三维模型计算，在兼顾计算效率的同时又能较准确地反映桩土相互作用。计算模型如图 8.9 所示，

尺寸高 216m，长 625m，宽 22m，底边界高程 70m，共划分为 164 441 个节点和 151 408 个网格单元。一般来说，滑坡研究区域内地应力场主要为重力场，构造应力较小，所以将模型的边界条件设定为位移固定边界，四周与底面边界处为单向约束，顶部坡面为自由边界。水力边界条件左侧采用库水位在 145～175m 波动，右侧采用固定水头边界。

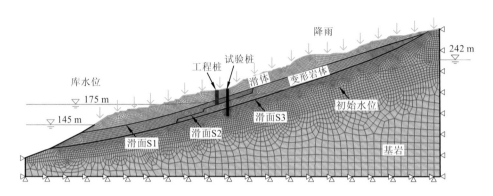

图 8.9　马家沟滑坡-抗滑桩体系三维数值模型剖面图

在滑坡模型上设置了 5 个地表位移监测点，监测点由前往后分别为 GP1、GP2、GP3、GP4 和 GP5，均匀布设在滑坡模型的表面。在地表位移监测点同一位置对应设置了 5 个深部位移监测孔 J1、J2、J3、J4 和 J5，并在 3 个监测孔底部布设 3 个孔隙水压力监测点 WP1、WP2、WP3，具体监测点的布设位置如图 8.10 所示。

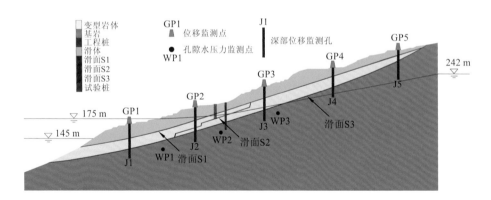

图 8.10　马家沟滑坡-抗滑桩体系数值模拟监测布置图

为了能够对滑坡两次植入抗滑桩结构前后的体系多场特征进行对比，本次数值模拟的整体思路是按照滑坡实际的工程顺序，首先根据滑坡主剖面建立假三维滑坡数值模型，对无桩条件下的滑坡模型进行数值计算和多场分析，然后依次将工程桩、试验桩的桩体参数赋予模型桩体所在位置的模型单元，并且对应地建立结构与土体单元之间的接触面，分别对植入工程桩和试验桩以后的水库滑坡-抗滑桩体系多场特征进行分析研究。依据上述思路，建立的三个阶段的模型如下。

### 1. 无桩条件下马家沟滑坡数值模型

滑坡未植入抗滑桩时的模型图如图 8.11 所示,共包含六种类型岩土体材料。由于滑坡体覆盖层物质中的残坡积物、崩坡积物与冲洪积物性质较为接近,均为碎块石土成分,为了简化模型,将三类物质概化为滑体这同一类物质。模拟中未考虑岩体结构面,并将岩体简化为均质各向同性的,岩体分为变形岩体和稳定基岩两部分。根据 6.1 节监测成果确定的三层滑面位置,设置滑面展布情况如图 8.11 所示。滑面 S1 位于基覆界面处,滑面 S3 位于滑坡深层岩体软弱带处,滑面 S2 通过层面和竖向节理裂隙贯通,向后与滑面 S1 相连,向前汇入滑面 S3。

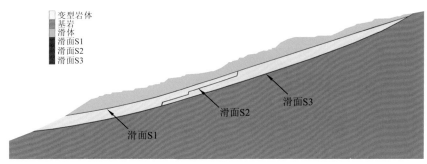

图 8.11　无桩条件下马家沟滑坡计算模型

### 2. 工程桩条件下马家沟滑坡数值模型

在无桩模型的基础上,通过修改单元属性的方式建立 3 根工程抗滑桩,桩长 22 m,桩底位于滑面 S2 处,截面尺寸为 2.0 m×3.0 m。本节抗滑桩结构采用实体单元模拟,桩身与岩土体之间建立接触面,具体模型如图 8.12 所示。

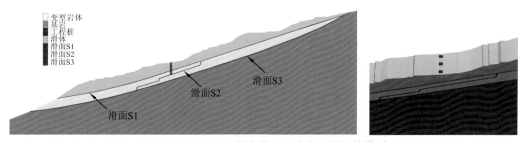

图 8.12　植入工程桩条件下马家沟滑坡计算模型

### 3. 工程桩+试验桩条件下马家沟滑坡数值模型

依据现场布设情况,在模型工程桩桩后 5.8 m 处植入 2 根试验桩,桩间距为 6.0 m,截面尺寸为 1.5 m×2.0 m 的矩形抗滑桩,桩长为 40 m,深入滑面 S3 以下的稳定地层中。具体滑坡模型与桩体结构的空间位置关系分别如图 8.13、图 8.14 所示。

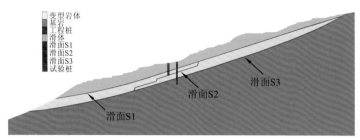
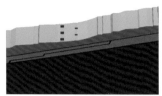

图 8.13　植入试验桩条件下马家沟滑坡计算模型

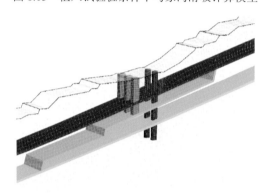

图 8.14　试验桩、工程桩与三层滑面空间位置关系

## 8.2.3　数值模型计算参数

### 1. 模型材料物理力学参数

滑坡岩土体共涉及了 6 种岩土体材料和 2 种抗滑桩材料,岩土体材料赋予莫尔-库仑 (Mohr-Coulomb) 本构模型,其物理力学性质参数的选取参考了岩土体土工试验及数值模拟反算的经验值。抗滑桩包括工程桩与试验桩两种桩型,采用实体单元建立,本构模型选取弹性模型。模型参数取值见表 8.6,渗透系数则采用第 7 章的反演结果。

表 8.6　岩土体物理力学参数取值表

| 岩土体材料类型 | 密度/(kg/m³) | 黏聚力/kPa | 内摩擦角/(°) | 体积模量/MPa | 剪切模量/Pa | 孔隙率 |
|---|---|---|---|---|---|---|
| 滑体 | 2 110 | 35 | 27 | 9.3 | 4.6 | 0.40 |
| 滑面S1 | 2 110 | 10 | 15 | 6.7 | 2.8 | 0.35 |
| 变形岩体 | 2 450 | 45 | 42 | 58.0 | 30.0 | 0.30 |
| 滑面S2 | 2 450 | 15 | 18 | 28.0 | 15.0 | 0.25 |
| 滑面S3 | 2 450 | 10 | 14 | 28.0 | 15.0 | 0.25 |
| 基岩 | 2 500 | 2 000 | 50 | 750.0 | 400.0 | 0.20 |
| 工程桩 | 2 500 | — | — | $1.6×10^3$ | $1.2×10^3$ | — |
| 试验桩 | 2 500 | — | — | $1.6×10^3$ | $1.2×10^3$ | — |

## 2. 桩体及接触面参数

采用接触面单元模拟桩土、桩岩界面的核心是接触面参数的选取，常规参数包括法向刚度（$k_n$）、切向刚度（$k_s$）、黏聚力、内摩擦角、剪胀角和抗拉强度。其中 $k_n$、$k_s$ 由式（8.12）决定，式中体积模量 $K$ 和剪切模量 $G$ 均取沿抗滑桩周长最硬岩土体的模量，$\Delta z_{min}$ 为接触面单元的法向最小长度；另外，根据相关数值模拟研究（陈育民和徐鼎平，2009），桩土之间接触面的黏聚力和摩擦角可定为桩周岩土体的相应抗剪强度的 0.8 倍，抗拉强度可设为 0。综上得到桩体与滑坡岩土体接触面参数，如表 8.7 所示。

$$k_n = k_s = 10\max\left[\frac{\left(K + \dfrac{4}{3}G\right)}{\Delta z_{min}}\right] \tag{8.12}$$

表 8.7  接触面参数取值表

| 接触面类型 | 法向刚度/（kPa/m） | 切向刚度/（kPa/m） | 黏聚力/kPa | 摩擦角/（°） |
|---|---|---|---|---|
| 滑体-桩 | $1.5\times10^{7}$ | $1.5\times10^{7}$ | 28 | 21.6 |
| 滑面S1-桩 | $2.6\times10^{6}$ | $2.6\times10^{6}$ | 6.4 | 12 |
| 变形体-桩 | $5.5\times10^{7}$ | $5.5\times10^{7}$ | 36 | 33.6 |
| 滑面S2-桩 | $8.5\times10^{6}$ | $8.5\times10^{6}$ | 12 | 14.4 |
| 滑面S3-桩 | $8.5\times10^{6}$ | $8.5\times10^{6}$ | 8 | 11.2 |
| 滑床-桩 | $5.0\times10^{8}$ | $5.0\times10^{8}$ | 1600 | 40 |

## 8.2.4  库水位波动和降雨的模拟方法

### 1. 库水位波动设置方法

实际条件下库水位的周期性波动是一个连续变化的过程，但是在有限元和有限差分数值模拟软件中，水力边界条件是按照网格节点进行赋值与计算的。受到网格化模型的限制，要将连续性变化问题简化为离散的阶段性变化问题。在进行渗流计算时，通过控制模型的流体边界条件来模拟水位变化，将水位的连续性变化分解为多个阶段，然后采用 fix pp 或 apply pp 命令赋予模型涉水面网格节点相应的孔压。分解的水位变化阶段的水位降幅受到模型网格大小的限制，考虑到软件计算能力和计算时间，在 FLAC3D 滑坡模型中进行网格剖分时网格边长不能设得太小。本次马家沟滑坡模型滑坡表面采用的四边形网格边长为 2～3 m，为了满足模型计算精度并提高计算效率，需要对库水位调度模型进行简化处理。根据第 5 章三峡水库调度概化模型，将库水位连续升降过程概化为多阶梯形的变化过程，每个水位阶梯的变化幅度设为 2～3 m，库水位波动模拟简化图如图 8.15 所示，共设置了两个水文年的库水位波动工况。

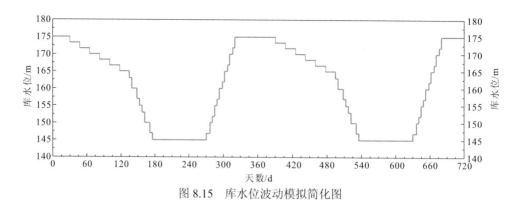

图 8.15　库水位波动模拟简化图

#### 2. 降雨设置方法

为研究库水位波动和降雨联合作用下滑坡渗流场的演化特征，在库水位降至 145m 时加入均匀强度的降雨。具体做法是：通过在地表设置 geometry 单元控制降雨边界，然后采用 apply pwell 命令赋予降雨边界上的滑坡表面节点一定大小的流量水力边界。由于数值软件在模拟降雨时无法考虑滑坡表面径流损失的情况，为了与现场实际情况相对应，设置一个较小的降雨强度值。为提高运算效率，对汛期降雨条件进行了简化，仅在低水位运行期加入 10d 均匀强度的降雨，降雨强度设为 10mm/d。降雨入渗时间设为第一个周期内低水位运行阶段的 220～230d 和第二个周期内低水位运行阶段的 580～590d。

## 8.3　无桩条件下马家沟滑坡多场特征演化规律

在采取工程桩治理与现场监测之前，马家沟滑坡没有相应的监测资料数据，仅有库水位的变化记录。接下来对无桩条件下的马家沟滑坡模型进行数值计算研究，从而获取马家沟滑坡在植入抗滑桩结构之前的多场特征演化规律，为植入桩后的水库滑坡-抗滑桩体系多场研究提供对比。

### 8.3.1　无桩条件下滑坡渗流场演化特征

根据 6.1 节的库水位波动情况，基于 FLAC3D 流固耦合计算，获取了马家沟滑坡渗流场在两个库水位运行周期内的演化特征。因为在两个周期内渗流场演化规律基本一致，所以下面仅详细研究第一个水位运行周期内的滑坡渗流场特征。

#### 1. 滑坡渗流速度与孔隙水压力云分布演化规律

**1）库水位下降阶段**

图 8.16 为库水位由 175m 下降至 145m 时的渗流速度及孔隙水压力云图，可以看出，当库水位稳定保持在 175m 时，孔隙水压力等势线在滑坡中前部基本水平，渗流速度矢量主要集中在地下水位潜水面零孔隙水压力等势线的附近。随着库水位的下降，滑坡前

缘坡脚处孔隙水压力随之同步下降，滑坡中部的孔隙水压力也随后发生下降。由于滑坡模型右边界采用固定水头，孔隙水压力仅在滑坡中前部地下水位波动范围变化明显。

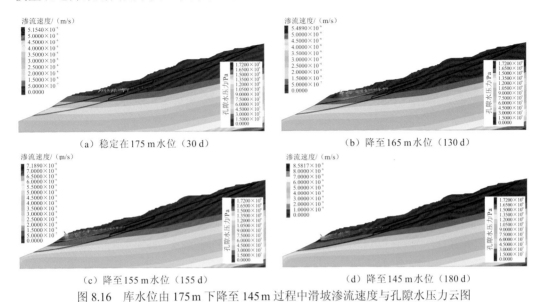

　　（a）稳定在175 m水位（30 d）　　　　　　　　（b）降至165 m水位（130 d）

　　（c）降至155 m水位（155 d）　　　　　　　　（d）降至145 m水位（180 d）
图8.16　库水位由175 m下降至145 m过程中滑坡渗流速度与孔隙水压力云图

　　在库水位下降期间，渗流速度矢量也由潜水面处向前部转移，量值也逐渐增加。在库水位缓慢下降阶段（175 m降至165 m），渗流速度值由 $5.1540 \times 10^{-6}$ m/s 上升到 $5.4890 \times 10^{-6}$ m/s。在库水位快速下降阶段（165 m降至145 m），渗流速度值由 $5.4890 \times 10^{-6}$ m/s 上升到 $8.5817 \times 10^{-6}$ m/s。根据宏观尺度渗流的达西定律，渗流速度与渗透水压力呈正相关的线性关系，所以可以判断出在库水位快速下降阶段滑坡中前部的渗透压力有显著增加。总体上，在库水位下降阶段，滑坡内渗流场随之发生明显的动态响应，前缘地下水位响应程度最大，地下水位响应变化幅度由前往后逐渐减小。

**2）库水位上升阶段**

　　图8.17为库水位由145 m上升至175 m时的渗流速度及孔隙水压力云图，可以看出，相比于图8.16中在180 d时降至145 m水位的孔隙水压力云图，在250 d库水位稳定在145 m时滑坡中部孔隙水压力也有所下降。随着库水位的上升，滑坡前缘孔隙水压力随着库水位同步上升，其孔隙水压力云图等势线的前缘形态发生反翘并超过了中部的孔隙水压力，呈现出凹向坡内的形态，说明滑坡中部孔隙水压力的增加存在较明显的滞后效应。

## 2. 滑坡孔隙水压力监测曲线演化规律

　　图8.18为两个库水位波动周期内监测点的孔隙水压力–时间曲线，可以看出，滑坡不同部位孔隙水压力随库水位的波动呈正相关动态响应关系。渗流场响应特征与现场试验地下水位监测结果具有较为一致的规律，即前缘地下水对库水位变化在时间上响应速度快，在量值上响应变化值较大，而中后部地下水在时间上响应滞后，在量值上响应变化程度较小。可以看出，各点的监测曲线在形态上并未呈阶梯状，这是因为三个监测点

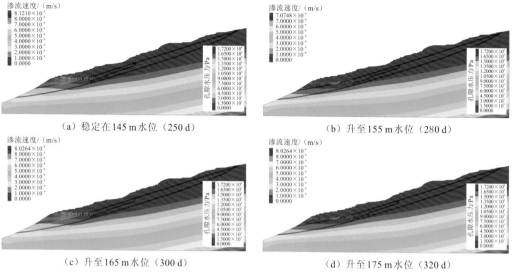

（a）稳定在145 m水位（250 d）　　　　　　（b）升至155 m水位（280 d）

（c）升至165 m水位（300 d）　　　　　　（d）升至175 m水位（320 d）

图 8.17　库水位由 145 m 上升至 175 m 过程中滑坡渗流速度与孔隙水压力云图

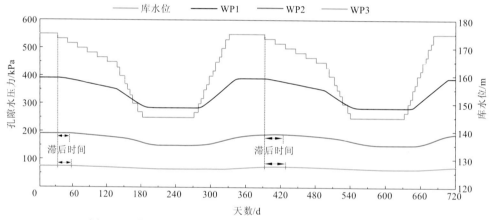

图 8.18　库水位波动条件下滑坡孔隙水压力随时间的变化曲线

均位于坡内较深位置，由于库水位升降速度较快及坡体内渗流场的滞后性，阶梯形外界水力边界条件在坡体内反而转换为连续性的孔隙水压力变化。

图 8.18 中反映出了不同监测点处渗流滞后时间不同，第一个周期内库水位下降至145 m 后，WP1 处孔隙水压力滞后 3 d 左右。WP2 和 WP3 处孔隙水压力变化曲线显现出较为明显的滞后效应，与库水位下降时间相隔 23～28 d。当库水位开始上升时，WP1 处孔隙水压力变化曲线仍存在略微的滞后，而 WP2、WP3 处孔隙水压力曲线上升到峰值的滞后现象更为明显。

另外，还可以看出，在两个库水位运行周期内，滑坡渗流场的滞后时间不同。第一个周期库水位上升时造成的滞后直接影响了第二个周期，使得第二个周期库水位下降时滑坡中部孔隙水压力变化的滞后时间增加至 40～45 d。这说明库水位下降时滑坡体内地下水的滞后原因主要有两个，一个是地层之间渗透系数的差异，另一个是上一周期库水位上升导致的滞后效应的叠加。

## 8.3.2　无桩条件下滑坡应力场与应变场变化规律

### 1. 滑坡应力场变化规律

滑坡的变形与坡体自身应力状态有关，图 8.19 为第一个周期内库水位由 175 m 下降至 145 m 时滑坡的最大、最小主应力云图，可以看出滑坡最大、最小主应力云图均为负值，说明滑坡剖面整体处于压应力状态。

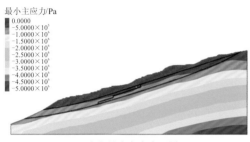

（a）175 m 水位最小主应力云图（30 d）

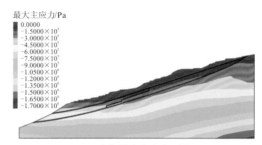

（b）175 m 水位最大主应力云图（30 d）

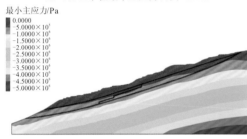

（c）165 m 水位最小主应力云图（130 d）

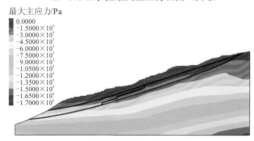

（d）165 m 水位最大主应力云图（130 d）

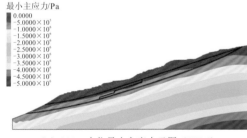

（e）155 m 水位最小主应力云图（155 d）

（f）155 m 水位最大主应力云图（155 d）

（g）145 m 水位最小主应力云图（180 d）

（h）145 m 水位最大主应力云图（180 d）

图 8.19　库水位由 175 m 下降至 145 m 过程中滑坡最大、最小主应力云图

将滑坡应力云图与滑坡孔隙水压力云图进行对比，可以看出滑坡应力场对渗流场具有明显的响应特征。滑坡主应力均随坡体深度的增加而增加，其中滑坡最大主应力等势线的分布形态与坡面基本平行，而最小主应力等势线的分布形态与地下水位线平行。其中，滑坡最小主应力在深层滑面处出现突变，说明此处发生了应力集中。在库水位下降期间，滑坡应力状态随着库水位的下降而减小。其中，滑坡最大主应力变化幅度较小，仅在滑坡前部有逐渐减小的趋势。滑坡最小主应力状态变化幅度较大，其变化规律与滑坡孔压的变化类似，在地下水位波动范围内，坡体的最小主应力值随库水位下降而减小。

2. 滑坡应变场变化规律

图 8.20 分别为滑坡在 175 m 和 145 m 稳定水位的剪应变增量云图，可以看出滑坡发生剪切变形的剪应变增量带主要出现在三层滑面位置。当库水位下降至 145 m 时，滑坡中、前部在三层滑面处的剪应变增量显著增加，而滑坡后部剪应变增量带未发生明显变化，说明库水位下降对滑坡的中、前部滑体具有显著的加速变形作用。此外，在浅层滑体的前缘坡脚位置也有较大范围的剪应变增量区域，说明浅层滑体在前缘坡脚处受库水位下降作用影响较大，发生大范围的剪切变形，这也与现场调查时发现坡脚处有较为集中的变形现象相符。

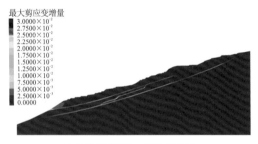 

（a）稳定在 175 m 水位（30 d）　　　　　　（b）稳定在 145 m 水位（220 d）

图 8.20　滑坡剪应变增量云图

## 8.3.3　无桩条件下滑坡位移场演化规律

### 1. 滑坡位移云图演化规律

**1）库水位下降阶段**

图 8.21 为库水位由 175 m 下降至 145 m 过程中滑坡位移云图。可以看出，滑坡在 175 m 稳定水位时有一定的初始变形，最大变形量为 3.968 cm，位于滑坡中部库水位以上部分。滑坡前缘位移量较小，这是因为滑坡前缘受到库水位的压脚作用而保持稳定。随着库水位的下降，滑坡整体位移趋势往前缘发展。随后，库水位降至 165 m 与 155 m 时，最大变形区域由滑坡中部逐渐发展到滑坡前缘。库水位降至 145 m 时，滑坡最大位移量仍发生在浅层滑体坡脚位置，最大位移量达到 12.035 cm，滑坡中部变形均匀，位移量值在 3.0～7.0 cm，滑坡后部变形最小，位移量在 1.0～3.0 cm。滑坡整体变形量呈三段

式分布，即滑坡前缘变形量最大，中部次之，后部最小，这也是在动水压力型滑坡中较为常见的一种变形模式。

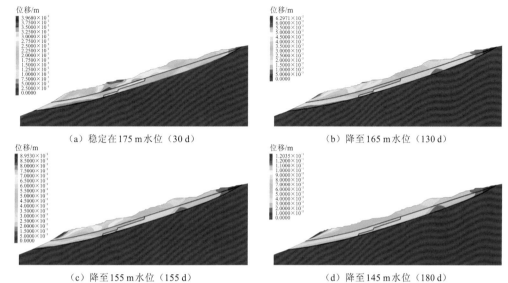

（a）稳定在 175 m 水位（30 d）　　　　　　（b）降至 165 m 水位（130 d）

（c）降至 155 m 水位（155 d）　　　　　　（d）降至 145 m 水位（180 d）

图 8.21　库水位由 175 m 下降至 145 m 过程中滑坡位移云图

**2）库水位上升阶段**

图 8.22 为库水位由 145 m 上升至 175 m 过程中滑坡位移云图，可以看出，在保持 145 m 稳定水位时，滑坡仍有较小的滞后变形发生，最大位移量达到 12.546 cm。随着库水位的上升，滑坡整体位移有减小的趋势，尤其是滑坡前缘。上升至 175 m 稳定水位后，整体位移量分布形态又退回至库水位下降之前的分布形态，滑坡最大变形位置回到滑坡中部，量值为 7.819 cm，相较于库水位下降前有所增加。

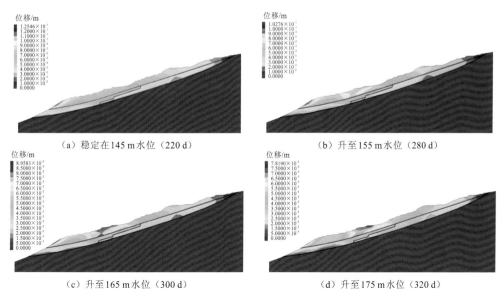

（a）稳定在 145 m 水位（220 d）　　　　　　（b）升至 155 m 水位（280 d）

（c）升至 165 m 水位（300 d）　　　　　　（d）升至 175 m 水位（320 d）

图 8.22　库水位由 145 m 上升至 175 m 过程中滑坡位移云图

## 2. 滑坡地表位移演化规律

图 8.23 为库水位运行两个周期内滑坡表面监测点位移曲线,可以看出在库水位下降阶段滑坡变形呈现出阶梯形增长,而在库水位上升阶段滑坡变形量减小。滑坡不同部位的变形量值和变形速率不尽相同,位于最前缘的 GP1 点处变形量最大,速率最快,而随着空间位置的向后,滑坡变形量和变形速率逐渐减小。

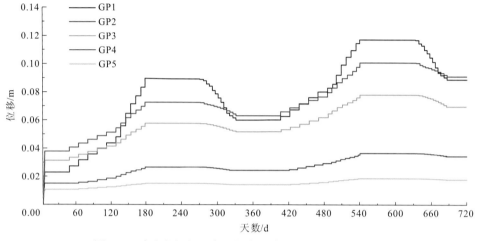

图 8.23　库水位运行两个周期内滑坡表面监测点位移曲线

两个周期内库水位下降阶段的滑坡位移增量不同,在第一个周期库水下降阶段,GP1、GP2、GP3、GP4、GP5 处的位移增量分别为 6.67 cm、3.44 cm、2.58 cm、1.41 cm 和 0.65 cm,而在第二个周期库水下降阶段,GP1、GP2、GP3、GP4、GP5 处的位移增量分别为 5.81 cm、3.75 cm、2.70 cm、1.49 cm 和 0.73 cm。可以看出,GP1 在第二个周期库水位下降阶段位移增量小于第一个周期,而其他监测点在第二个周期库水位下降阶段的位移增量大于第一个周期。这是因为滑坡前缘在第一次水位下降时已发生较大变形,到第二次库水位下降时前缘滑体产生了记忆效应,使得其位移响应减小。而对于中部和后部滑体,第二个周期的地下水位滞后效应大于第一个周期,其在中部造成的动水压力作用增加,从而使得中后部滑体在第二次库水位下降阶段的位移增量大于在第一次库水位下降阶段的位移增量。

## 3. 滑坡深部位移演化规律

图 8.24 为库水位由 175 m 下降至 145 m 过程中滑坡深部位移监测曲线,可以看出,滑坡深部位移变形由滑坡前部往后部呈减小的趋势,这说明滑坡对库水位下降的变形响应是由前往后逐渐减弱的。在滑坡中前部的 J1、J2 和 J3 深部位移曲线可以反映出深层滑面和浅层滑面的剪切变形,其中 J1 处的两层滑面分别在 35 m 和 20 m 深度,J2 处的三层滑面分别在 35 m、30 m 和 15 m 深度,J3 处的两层滑面分别在 35 m 和 20 m 深度。滑坡后部 J4 和 J5 处深部位移曲线仅反映出深层滑面变形。

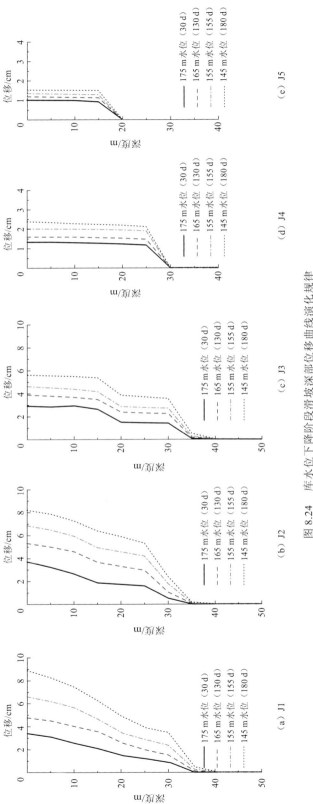

图 8.24　库水位下降阶段滑坡深部位移曲线演化规律

### 8.3.4 降雨工况下滑坡多场特征

#### 1. 降雨工况下滑坡渗流场特征

**1）降雨工况下滑坡渗流速度与孔隙水压力分布云图**

图 8.25 为 145 m 稳定水位时加入降雨条件的滑坡渗流速度和孔隙水压力云图。可以看出，由于滑坡覆盖层的渗透系数较大，降雨入渗主要发生在覆盖层内，渗流方向垂直向下，往下到覆盖层与岩层交界面处逐渐转为顺坡向。随着降雨时间的持续，滑坡表面处渗流速度逐渐增大。在降雨结束后，沿基覆界面汇集形成了集中的地下渗流，滑坡前部和中部的孔隙水压力有明显的升高，而滑坡后部孔隙水压力未发生变化。整体来说，降雨对滑坡整体地下渗流场的影响较小，仅在滑坡中前部局部范围内对地下水位有小幅度抬升。

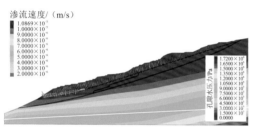 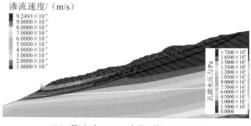

（a）稳定在145 m水位+降雨（230 d） （b）稳定在145 m水位+降雨（240 d）

图 8.25 汛期时降雨条件下滑坡渗流速度与孔隙水压力云图

**2）降雨工况下的滑坡孔隙水压力监测曲线**

图 8.26 为 145 m 稳定水位时加入降雨条件的滑坡孔隙水压力随时间的变化曲线。受到持续降雨的影响，WP1 与 WP2 处的孔隙水压力监测曲线出现了一定幅度的波动，而WP3 处孔隙水压力基本未受到降雨影响。其中，WP1 处的孔隙水压力最大增量为 9.35 kPa，WP2 处的孔隙水压力最大增量为 17.73 kPa，说明滑坡前缘孔隙水压力的波动变化量小于

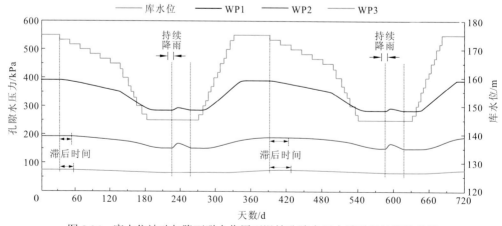

图 8.26 库水位波动与降雨联合作用下滑坡孔隙水压力随时间的变化曲线

滑坡中部。这主要是因为 WP1 监测点处地下水位较深,受降雨影响较小。而 WP2 监测点处的地下水位较浅,来自中后部的大部分降雨汇入地下水,使得 WP2 处受降雨影响较大。

此外,在降雨开始一段时间后监测点处的孔隙水压力才开始增长。这是因为滑坡表面到监测点处存在一定距离,降雨从滑坡表面入渗然后渗流到监测点处需要一定的时间,使得降雨对地下水位的影响存在较短时间的滞后,从图 8.26 中可以看出滞后时间为 4 d左右。孔隙水压力增量经过峰值后开始下降,消散至稳定的时间为 13~15 d,此后滑坡体内渗流场又恢复到 145 m 稳定水位状态。这说明降雨对滑坡体内的渗流场影响较小,库水位波动是影响滑坡渗流场变化的主要因素,这也与现场监测结果一致。

### 2. 降雨工况下滑坡应力、应变和位移场特征

#### 1)降雨工况下滑坡应力场特征

图 8.27(a)、(b)分别为 145 m 稳定水位时加入降雨条件的滑坡最大、最小主应力云图,相比于未降雨时的应力状态,滑坡在中部和后部的最大、最小主应力值均有略微的增加,说明降雨对于滑坡中部和后部有一定的加载效果。另外,相对于最大主应力,滑坡最小主应力变化更为明显,并在滑坡中部的深层滑面处出现多处应力集中现象。

(a)稳定在 145 m 水位+降雨最小主应力云图(240 d)　　(b)稳定在 145 m 水位+降雨最大主应力云图(240 d)

图 8.27　稳定在 145 m 时降雨条件下的滑坡最大、最小主应力云图

#### 2)降雨工况下滑坡应变场特征

图 8.28 为 145 m 稳定水位时加入降雨条件的滑坡剪应变增量云图,与未降雨时相比,三层滑面处的剪应变增量值显著增加,尤其是滑坡中部和后部的剪应变增量带也出现明显的贯通趋势。由图 8.28(a)可以看出,当降雨渗入坡体时,浅层滑体受到降雨入渗和滑体增重的影响,滑坡中后部浅层滑面的剪应变增量明显增加,说明降雨初期对滑坡浅层滑面具有加速变形作用。当降雨入渗到深层变形岩体时,由图 8.28(b)可以看出深层滑面的剪应变增量也发生显著增加,并且在深层滑面与浅层滑面之间形成了两个剪应变增量贯通带,这说明降雨对滑坡中后部的加速变形作用随着降雨入渗由浅层滑面逐渐到达深层滑面。但是,在滑坡中前部区域,因为降雨入渗后还未达到滑动面处而直接汇入地下水,其渗流路径远小于滑坡中后部区域,所以滑坡中前部对降雨的位移响应较小。

#### 3)降雨工况下滑坡位移场特征

图 8.29 为 145 m 稳定水位时加入降雨条件的滑坡位移云图。由图可以看出,当降雨渗入坡体时,受到降雨增重及渗流的影响,滑坡中部和后部位移量明显增加,说明降雨对滑坡中、后部的影响较大。

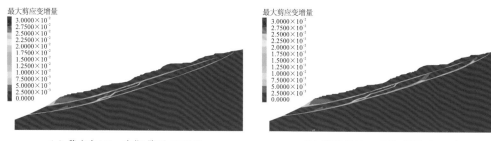

（a）稳定在145 m水位+降雨（230 d）　　　　　　（b）稳定在145 m水位+降雨（240 d）

图 8.28　降雨条件下库水位稳定在 145 m 时滑坡剪应变增量云图

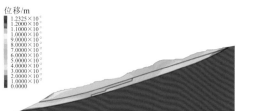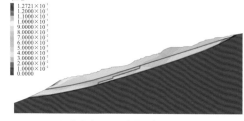

（a）稳定在145 m水位+降雨（230 d）　　　　　　（b）稳定在145 m水位+降雨（240 d）

图 8.29　稳定在 145 m 水位时加入降雨条件的滑坡位移云图

　　图 8.30 为库水位波动与降雨联合作用下的滑坡监测点位移时间曲线，可以看出，在持续降雨作用下滑坡不同部位的变形均有明显增加。而且，在降雨结束后，位移量仍增长了一段时间，说明降雨对滑坡的变形加速作用也存在滞后效应，滞后的影响时间为 10~15 d。在第一个降雨影响时间段内，滑坡表面位移监测点 GP1、GP2、GP3、GP4 和 GP5 的变形响应增量分别为 0.483 cm、1.285 cm、1.474 cm、1.562 cm、1.732 cm，可以看出由滑坡前缘到后缘方向，滑体的变形响应量值逐渐增加。在第二个降雨影响时间段内，滑坡表面位移监测点 GP1、GP2、GP3、GP4 和 GP5 的变形响应增量分别为 0.468 cm、1.223 cm、1.310 cm、1.412 cm、1.697 cm，相较于第一个降雨阶段整体位移响应有所减小。

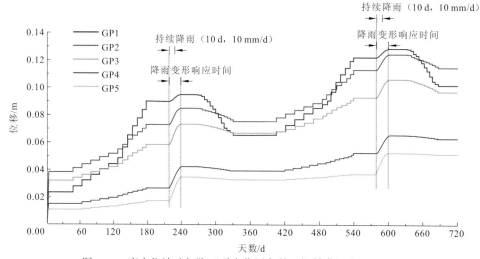

图 8.30　库水位波动与降雨联合作用条件下滑坡监测点位移曲线

## 8.4 马家沟滑坡-抗滑桩体系多场特征演化规律

在上述无桩条件模型的基础上,在模型中部植入3根工程桩开展对比分析。通过对比无桩和工程桩条件下的计算结果,探究工程桩对滑坡的影响作用,揭示水库滑坡-工程桩体系的多场特征及其变形演化机理。

### 8.4.1 工程桩植入后滑坡多场特征演化规律

#### 1. 工程桩植入后体系渗流场特征

图8.31为工程桩植入后的滑坡渗流速度与孔隙水压力云图,云图分布规律与无桩条件下的规律基本一致,说明植入工程桩对滑坡渗流场整体影响较小。

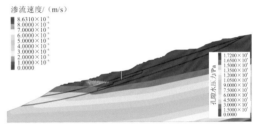

(a) 库水位下降至145 m(180 d)     (b) 库水位上升至175 m(320 d)

图8.31 植入工程桩后滑坡渗流速度与孔隙水压力云图

图8.32 (a)、(b)分别为工程桩植入后的桩底和桩周的渗流矢量剖面图,可以看出桩周和桩底位置均出现了绕流现象。桩身不透水,抗滑桩使得滑坡桩位附近局部岩土体的过水断面面积减小,平均渗透系数减小,且桩后与桩前的水头差增大,根据式(8.8)可知,这些都会直接导致动水压力的增加。

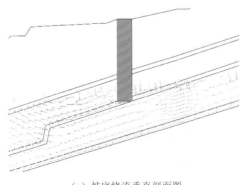
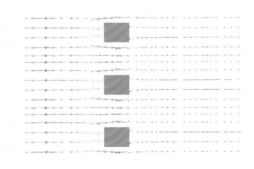

(a) 桩底绕流垂直剖面图          (b) 桩周绕流水平剖面图

图8.32 工程桩植入后的桩底、桩周渗流矢量剖面图

## 2. 工程桩植入后体系应力场与应变场特征

由于植入工程桩后滑坡整体应力场并未发生明显改变，这里不再展示滑坡整个剖面的应力云图。可是，植入工程桩会引起桩周局部范围滑体的应力场的改变，下面主要分析设桩处周围岩土体应力和桩身应力的变化规律。图 8.33 为工程桩不同深度水平面上的桩周应力云图，可以得出以下几点规律：

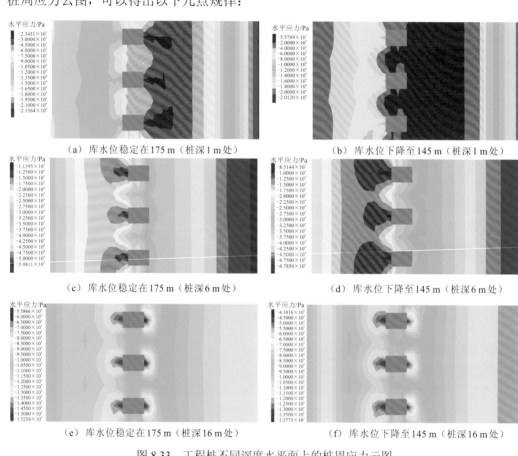

（a）库水位稳定在 175 m（桩深 1 m 处）　　　（b）库水位下降至 145 m（桩深 1 m 处）

（c）库水位稳定在 175 m（桩深 6 m 处）　　　（d）库水位下降至 145 m（桩深 6 m 处）

（e）库水位稳定在 175 m（桩深 16 m 处）　　　（f）库水位下降至 145 m（桩深 16 m 处）

图 8.33　工程桩不同深度水平面上的桩周应力云图

（1）由桩深 1 m 位置处的水平应力云图[图 8.33（a）、（b）]可知，该处桩后应力小于桩前应力，而且在桩后形成了压应力较低的应力松弛区域。库水位下降至 145 m 后，该区域压应力继续减小，应力松弛效应更加明显，区域也逐渐扩大。该应力松弛效应与现场调查发现桩后出现裂缝的现象较为符合，说明工程桩与桩前滑体一同发生前移，从而造成桩后土体的脱空松弛，在现场则出现了桩后拉张裂缝。

（2）由桩深 6 m 位置处的水平应力云图[图 8.33（c）、（d）]可知，该处桩后应力大于桩前应力，说明工程桩在桩身上段仍承受了部分的滑坡推力。但是，因为桩身嵌固段（并非真正意义上的嵌固段）底部存在滑面，无法完全承受来自桩后的滑坡推力，所以在桩后未形成明显的土拱效应。此外，在库水位下降后，桩后推力并未增加，说明浅层滑面以上的桩后滑体不受库水位下降的影响。但库水位下降至145 m后，桩前土体的应力明显减小，说明在桩前的上段区域存在桩土分离的趋势。

（3）由桩深16 m位置处的水平应力云图[图8.33（e）、（f）]可知，该处位于滑面以下的桩前土体抗力远大于桩后土体应力，该规律符合抗滑桩受力特征，也说明浅层滑面以下地层仍存在嵌固效果，工程桩对浅层滑面能够起到相对的抗滑作用。库水位下降至145 m后，桩前抗力有所减小，这表明桩前滑体发生了前移。

综上可知，虽然工程桩底部未嵌固入稳定地层，但由于不同滑面之间存在相对运动，工程桩的植入对于设桩区域的浅层滑面仍可起到一定的抗滑作用。

由图8.34库水位下降至145 m时滑坡剪应变增量云图可以看出，库水位下降后三层滑面剪应变增量明显，但是浅层滑面的剪应变增量带在工程桩附近被阻断，这可以充分证明工程桩对浅层滑面起到了一定的阻滑作用。但是滑坡前部和中后部的浅层滑面仍然存在明显的剪应变增量，说明工程桩的阻滑效果仅限于桩周一定范围内。

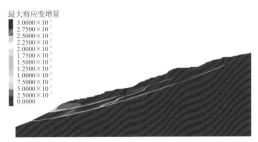

图8.34　库水位下降至145 m时滑坡剪应变增量云图

### 3. 工程桩植入后体系位移场特征

图8.35为工程桩植入后库水位下降阶段的滑坡位移云图，总体来说，植入工程桩后并未影响滑坡的变形破坏模式。但在位移量值上不同，在库水位下降阶段，植入工程桩后的滑坡位移量反而大于无桩条件时的滑坡位移量。这表明工程桩对滑坡整体未起到抗滑作用，库水位下降导致桩前抗力减小，使得工程桩沿着桩底滑面与滑体一同向前运动变形。此外，桩身重度大于原位置土体的重度，对前缘滑体有加载作用，所以在有桩条件下滑坡位移量反而稍大于无桩条件时的滑坡位移量。

综上可以看出，工程桩对浅层滑面存在一定的抗剪作用，但是由于桩体重度大于原有土体重度，对于深层滑面，反而属于坡体加载，加大了滑坡的变形。

## 8.4.2　试验桩植入后滑坡多场特征演化规律

### 1. 试验桩植入后体系渗流场特征

图8.36为试验桩植入后桩周渗流矢量剖面图，可以看出，由于桩底处嵌固端基岩渗透系数较小，未发生桩底绕流，仅在桩周出现绕流现象，滑坡整体渗流场特征并未发生变化。

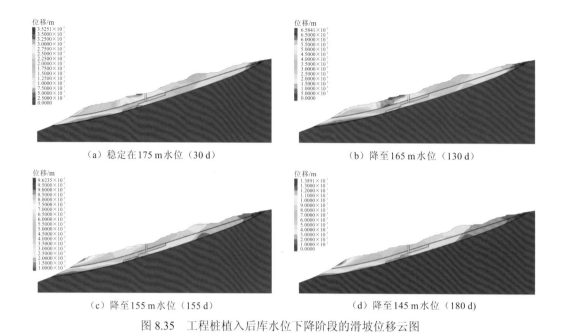

(a) 稳定在175 m水位（30 d）　　　　　　　（b) 降至165 m水位（130 d）

(c) 降至155 m水位（155 d）　　　　　　　（d) 降至145 m水位（180 d）

图8.35　工程桩植入后库水位下降阶段的滑坡位移云图

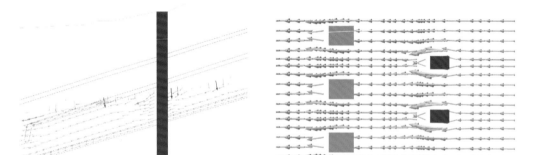

（a) 桩周绕流纵剖面图（175 m）　　　　　（b) 桩周绕流水平剖面图（145 m）

图8.36　试验桩植入后桩周渗流矢量剖面图

## 2. 试验桩植入后体系应力场与应变场特征

试验桩的植入同样也未改变滑坡整体应力场状态，下面主要分析设桩处周围岩土体的应力分布规律。图8.37为试验桩不同深度水平面上桩周应力云图，可以得出以下几点规律：

（1）由桩深6 m位置处的水平应力云图[图8.37（a）、（b）]可知，该深度位于浅层滑面以上，可以看出该处桩后应力大于桩前应力，并且在桩后发生压应力集中，形成明显的土拱效应，而工程桩桩后未能形成土拱，这说明试验桩在浅层滑面以上起到了抵挡滑坡推力的作用。

（2）由桩深12 m位置处的水平应力云图[图8.37（c）、（d）]可知，该深度位于浅层滑面处，试验桩桩前出现压应力集中，说明在该处桩前抗力大于桩后推力，这与第3章试验桩的现场监测结果规律相符。

（3）由桩深28m位置处的水平应力云图［图8.37（e）、（f）］可知，该处位于深层滑面以上，桩后出现明显的应力集中现象并形成应力拱，桩前出现应力松弛区域。这说明试验桩阻挡了该层滑面以上滑体的推力，桩前滑体前移，从而造成桩前抗力减小。

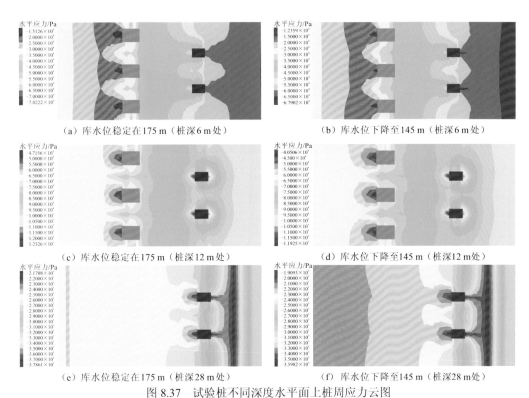

（a）库水位稳定在175m（桩深6m处）　　　　（b）库水位下降至145m（桩深6m处）

（c）库水位稳定在175m（桩深12m处）　　　　（d）库水位下降至145m（桩深12m处）

（e）库水位稳定在175m（桩深28m处）　　　　（f）库水位下降至145m（桩深28m处）

图8.37　试验桩不同深度水平面上桩周应力云图

试验桩深度方向桩前、桩后水平应力云图如图8.38所示，可以看出，发育于基岩内的深层滑面S2和S3处出现了明显的应力集中现象。此外，试验桩受三层滑面相对剪切滑动的影响，桩前侧土体在滑面以下出现压应力集中现象，桩后侧土体在滑面以上出现压应力集中现象。

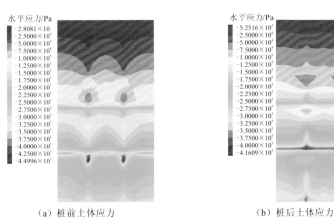

（a）桩前土体应力　　　　　　　　　（b）桩后土体应力

图8.38　试验桩深度方向桩前、桩后水平应力云图（库水位降至145m）

由图 8.39 库水位下降至 145 m 时的滑坡剪应变增量云图可以看出，库水位下降后三层滑面剪应变增量明显，但在试验桩位置处三层滑面均被阻断，浅层滑面的剪应变增量带在工程桩附近被阻断，这证明试验桩对三层滑面均起到了抗剪作用。

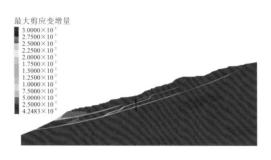

图 8.39  库水位下降至 145 m 时滑坡剪应变增量云图

### 3. 试验桩植入后体系位移场特征

植入试验桩后库水位下降阶段的滑坡位移云图如图 8.40 所示，可以看出，试验桩植入后的滑坡变形模式仍未发生明显变化。但在位移量值上，与植入工程桩相比，滑坡最大位移量有所减小，这说明试验桩对滑坡变形起到了一定的控制作用，即阻挡了部分来自滑坡中后部的推力。由此可以看出，马家沟滑坡模型主要是受库水位下降作用影响而变形加剧，除此之外，还受到滑坡中后部的下滑推力作用。

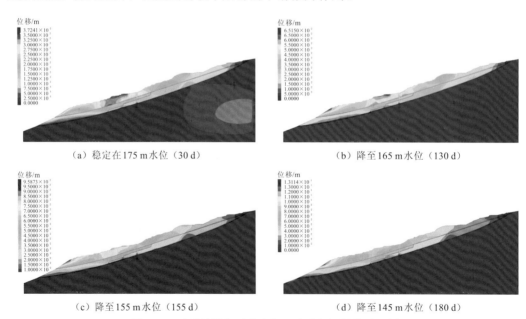

（a）稳定在175 m水位（30 d）   （b）降至165 m水位（130 d）

（c）降至155 m水位（155 d）   （d）降至145 m水位（180 d）

图 8.40  试验桩植入后库水位下降阶段滑坡位移云图

由于试验桩桩数较少、桩径较小，阻滑能力有限。而且滑坡中前部受库水位下降影响变形较大，直接导致试验桩桩前抗力降低，所以滑坡整体变形并未得到改善。此外，由体系位移云图可以看出，植入的试验桩与周围滑体变形规律一致，水库滑坡-抗滑桩体系发生协同变形。

试验桩桩身水平位移云图如图 8.41 所示，可以看出，试验桩的变形呈柔性桩特点，变形轴曲线与现场监测的桩身挠曲特征及桩周深部位移监测孔位移曲线形态均一致，即在深层滑面 S2 和滑面 S3 处向滑坡前缘发生弯曲变形，而在浅层滑面 S1 处发生向滑坡后缘方向的反弯变形。反弯现象是因为试验桩前方的工程桩对浅层滑面 S1 具有阻滑效果，抑制了滑面 S1 处的相对剪切运动。整体看来，试验桩桩身曲率最大发生在滑面 S3 处，在滑面 S3 以下桩身水平位移很小，在经历了一次库水位下降后，桩顶水平位移量最大值约为 4.287 cm。

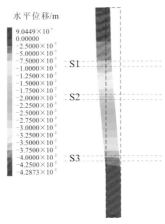

图 8.41　试验桩桩身水平位移云图（变形比例 = 40）

### 4. 降雨工况下体系位移场特征

由 8.3 节滑坡无桩条件下的模拟结果可知，滑坡中后部的变形对降雨因素较为敏感。为研究设试验桩以后降雨对水库滑坡-抗滑桩体系变形演化规律的影响，在植入试验桩条件下模型计算至 145 m 稳定水位后，按照持续降雨工况继续计算。计算得到在持续降雨条件下滑坡的位移云图，如图 8.42 所示，可以看出滑坡整体位移有明显的增加，尤其是滑坡中后部。在试验桩的抗滑作用下，滑坡中后部位移受到了一定的限制。计算结果表明降雨作用会增大滑坡中后部的下滑力，此时抗滑桩结构能够发挥明显的阻滑效果。

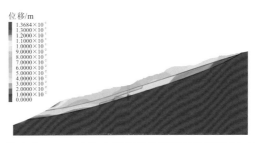

图 8.42　稳定在 145 m 水位在降雨条件下滑坡位移云图（240 d）

图 8.43（a）、（b）分别为无桩条件下和植入试验桩条件下的滑坡表面监测点位移时间曲线，可以看出，植入试验桩后，GP3、GP4 和 GP5 监测点在 175 m 初始水位的位移量有所减小，而 GP1、GP2 监测点的初始位移量增加。这是因为在 175 m 静水位工况条件下，试验桩的植入对桩后滑体具有阻滑作用，使得桩后监测点的位移减小。然而，由于工程桩对滑面 S2 的加载作用，滑坡前部 GP1 和 GP2 监测点的位移有所增加。

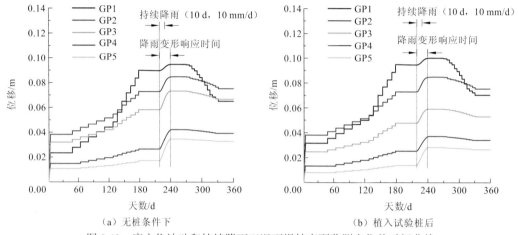

图 8.43　库水位波动和持续降雨工况下滑坡表面监测点位移时间曲线

在持续降雨影响下，GP1、GP2、GP3、GP4 和 GP5 监测点的位移响应增量分别为 0.471 cm、1.272 cm、1.183 cm、1.295 cm、1.549 cm。对比无桩条件下的监测点位移响应增量，各监测点的位移响应增量分别减少了 2.48%、1.95%、19.74%、17.09%、10.56%。以上计算结果表明试验桩对降雨引起的滑坡变形有较好的控制作用，其中对 GP3 监测点所在的滑坡中部变形控制效果最好，往后缘方向其控制效果逐渐减弱。桩前滑体仍受库水位下降的影响，植入抗滑桩无法对滑坡前缘滑体起到防治作用。

# 8.5　马家沟滑坡−抗滑桩体系演化机理

马家沟滑坡的变形演化动力的主要来源有两个，一个是由库水位波动造成的动水压力作用，另一个是降雨入渗导致的动水压力作用及滑体增重。因为这两种外界因素的作用时间和影响范围不同，水库滑坡−抗滑桩体系的变形演化过程存在时间与空间上的差异。基于上述数值模拟研究结果，并结合第 3 章现场监测结果分析，可以充分揭示马家沟滑坡与工程桩和试验桩体系在库水位波动及降雨作用下的变形演化机理，具体主要有以下几点。

（1）马家沟滑坡为典型动水压力型滑坡，按照对库水位波动作用的响应程度可以分为三个部分，前部响应最大，中部次之，后部最小。在 175 m 高水位期，前部受到库水压脚作用成为阻滑段，而滑坡中部、后部为下滑段；在库水位下降阶段，前部由于位于地下水位波动范围而成为牵引段，滑坡中部、后部为被牵引段。

降雨条件下，滑坡中后部受降雨入渗影响下滑力增大而抗滑力减小，成为主动段。此时滑坡前部由于在库水位下降阶段已经发生了较大位移，无法为中后部滑体提供足够的抗滑力，在两者的联合作用下滑坡整体变形加剧，呈现出复合式的运动特征。

（2）植入工程桩后，在一定程度上抑制了滑面 S1 上下层之间的相对滑动，在局部范围内起到了抗剪作用。但是工作桩未嵌固到稳定地层，桩底位于深层滑面 S2 位置，所以工程桩无法对滑坡整体起到阻滑作用。不仅如此，桩体重度大于原有位置的土体重度，直接导致了滑面 S2 以上的加载，反而使得下滑力增大，增加了滑坡前部变形。由现场情况可知，工程桩植入后经历了一次库水位下降便出现了桩后拉张裂缝，说明工程桩与滑坡前部共同向前滑移。在模拟中工程桩成为加载体的作用机制与现场情况是相符的。

（3）植入试验桩后，试验桩对于桩后滑体变形起到了一定的控制效果，尤其是滑坡中部位移明显减小，其阻滑作用往滑坡后缘方向逐渐减弱。试验桩承载了部分来自后部的推力，在试验桩桩后形成了土拱效应，而工程桩桩后未形成土拱。在库水位下降条件下，滑坡前部发生加速变形，使得桩前抗力降低。在汛期时，试验桩已因为桩前抗力降低而发生变形，导致其抗滑能力降低，所以在持续降雨阶段，滑坡中、后部仍有显著的加速变形，但是相比未设桩时滑坡中、后部的位移响应明显减小。在库水位波动和降雨的耦合作用下，马家沟滑坡-抗滑桩体系发生阶跃型的协同变形演化。

# 参考文献

白永健, 郑万模, 邓国仕, 等, 2011. 四川丹巴甲居滑坡动态变形过程三维系统监测及数值模拟分析[J]. 岩石力学与工程学报, 30(5): 974-981.

蔡耀军, 郭麒麟, 余永志, 2002. 水库诱发岸坡失稳的机制及其预测[J]. 湖北地矿, 16(4): 4-8.

曹玲, 罗先启, 程圣国, 2007. 千将坪滑坡物理模型试验相似材料研究[J]. 三峡大学学报(自然科学版), 29(1): 37-45.

柴军瑞, 李守义, 2004. 三峡库区泄滩滑坡渗流场与应力场耦合分析[J]. 岩石力学与工程学报, 23(8): 1280-1284.

陈松, 陈国金, 徐光黎, 2008. 黄土坡滑坡形成与变形的地质过程机制[J]. 地球科学, 33(2): 411-415.

陈育民, 徐鼎平, 2009. FLAC/FLAC3D 基础与工程实例[M]. 北京: 中国水利水电出版社.

程圣国, 罗先启, 刘德富, 等, 2005. 三峡库区滑坡地质力学模型试验技术研究[J]. 灾害与防治工程, 36(6): 36-38.

董捷, 2009. 悬臂桩三维土拱效应及嵌固段地基反力研究[D]. 重庆: 重庆大学.

樊晓一, 2011. 滑坡位移多重分形特征与滑坡演化预测[J]. 岩土力学, 32(6): 1831-1837.

樊友全, 2010. 悬臂桩土拱效应模型试验及数值模拟研究[D]. 重庆: 重庆大学.

范付松, 2012. 堆积层滑坡抗滑桩土拱效应数值研究[D]. 武汉: 中国地质大学(武汉).

范宣梅, 许强, 张倬元, 等, 2008. 平推式滑坡成因机制研究[J]. 岩石力学与工程学报, 27(s2): 3753-3759.

韩爱民, 肖军华, 梅国雄, 2005. 被动桩中土拱形成机理的平面有限元分析[J]. 南京工业大学学报, 27(3): 89-92.

何晨辉, 2012. 不同降雨类型对抗滑桩抗滑效果影响的数值试验研究[D]. 武汉: 中国地质大学(武汉).

贺可强, 阳吉宝, 王思敬, 2002. 堆积层边坡位移矢量角的形成作用机理及其稳定性演化关系的研究[J]. 岩石力学与工程学报, 21(2): 185-192.

贺可强, 王荣鲁, 李新志, 等, 2008. 堆积层滑坡的地下水加卸载动力作用规律及其位移动力学预测: 以三峡库区八字门滑坡分析为例[J]. 岩石力学与工程学报, 27(8): 1644-1651.

胡新丽, 2006. 三峡水库水位波动条件下滑坡抗滑工程效果的数值研究[J]. 岩土力学, 27(12): 2234-2238.

胡新丽, 殷坤龙, 2001. 大型水平顺层滑坡形成机制数值模拟方法: 以重庆钢铁公司古滑坡为例[J]. 山地学报, 19(2): 175-179.

胡新丽, 唐辉明, 严春杰, 等, 2002. 核磁共振在滑坡研究中的应用技术[J]. 岩土力学(s1): 17-19.

胡新丽, 唐辉明, 练操, 2005a. 三峡库区变形体稳定性评价治理方法研究与应用[C]//湖北省科学技术协会. 第三届湖北科技论坛优秀论文集. 武汉: 湖北省科学技术协会.

胡新丽, 王亮清, 唐辉明, 等, 2005b. 三峡库区库岸滑坡抗滑桩设计的几个关键问题[J]. 地质科技情报(s1): 121-125.

胡新丽, 唐辉明, 马淑芝, 等, 2006. 基于 NMR 的库区滑坡三维稳定性数值模拟[J]. 地球科学(2):

141-146.

胡新丽, 李长冬, 王亮清, 2007a. 抗滑桩截面经济优化设计探讨[J]. 地质科技情报(3): 71-74.

胡新丽, DAVID M P, LIDIJA Z, 等, 2007b. 三峡水库运行条件下金乐滑坡稳定性评价[J]. 地球科学(中国地质大学学报), 32(3): 403-408.

胡新丽, 唐辉明, 李长冬, 等, 2011a. 基于参数反演的保扎滑坡变形破坏机理研究[J]. 工程地质学报, 19(6): 795-801.

胡新丽, 张永忠, 李长冬, 等, 2011b. 库水位波动条件下不同桩位抗滑桩抗滑稳定性研究[J]. 岩土力学, 32(12): 3679-3684.

胡新丽, 孙淼军, 唐辉明, 等, 2014. 三峡库区马家沟滑坡滑体粗粒土蠕变试验研究[J]. 岩土力学, 35(11): 3163-3169.

黄波林, 陈小婷, 2007. 香溪河流域白家堡滑坡变形失稳机制分析[J]. 岩土工程学报, 29(6): 938-942.

黄润秋, 2004. 中国西部地区典型岩质滑坡机理研究[J]. 地球科学进展(3): 443-450.

黄润秋, 戚国庆, 2002. 非饱和渗流基质吸力对边坡稳定性的影响[J]. 工程地质学报, 10(4): 343-348.

黄润秋, 许强, 1995. 显式拉格朗日差分分析法在岩质边坡工程中的应用[J]. 岩石力学与工程学报, 14(4): 346-354.

黄润秋, 许强, 1999. 地质灾害过程模拟与过程控制: 基于变形理论的地质灾害评价及治理设计理论纲要[J]. 自然科学进展(s1): 124-130.

揭奇, 2016. 基于 BP 神经网络的库岸边坡多场监测信息分析[D]. 南京: 南京大学.

金林, 胡新丽, 谭福林, 等, 2016a. 基于红外热成像技术的抗滑桩土拱效应模型试验研究[J]. 岩土力学, 37(8): 2332-2340.

金林, 胡新丽, 谭福林, 等, 2016b. 基于红外热成像技术的滑坡破坏过程温度场变化分析[J]. 中国地质灾害与防治学报, 27(1): 77-84.

雷用, 刘国政, 郑颖人, 2006. 抗滑短桩与桩周土共同作用的探讨[J]. 后勤工程学院学报, 22(4): 17-21.

雷用, 郑颖人, 蒋文明, 2007. 抗滑短桩的应力监测与分析[J]. 地下空间与工程学报, 3(5): 941-946.

李长冬, 2009. 抗滑桩与滑坡体相互作用机理及其优化研究[D]. 武汉: 中国地质大学(武汉).

李聪, 朱杰兵, 汪斌, 等, 2016. 滑坡不同变形阶段演化规律与变形速率预警判据研究[J]. 岩石力学与工程学报, 35(7): 1407-1414.

李宁, 赫建勇, 许建聪, 等, 2019. 降雨条件下抗滑桩边坡稳定性影响的数值分析[J/OL]. 水利水电技术, 51(4): 1-13 [2020-03-26]. http: //kns. cnki. net/k cms/detail/11. 1757. TV. 20190505. 0854. 008. html.

李邵军, KNAPPETT J A, 冯夏庭, 2008. 库水位升降条件下边坡失稳离心模型试验研究[J]. 岩石力学与工程学报, 27(8): 1586-1593.

李邵军, 陈静, 练操, 2010. 边坡桩-土相互作用的土拱力学模型与桩间距问题[J]. 岩土力学, 31(5): 1352-1358.

李宪中, 杨铁生, 李广信, 2002. 水库滑坡现象与环境因素的关系[J]. 科技导报(7): 58-62.

李晓, 张年学, 廖秋林, 等, 2004. 库水位涨落与降雨联合作用下滑坡地下水动力场分析[J]. 岩石力学与工程学报, 23(21): 3714-3720.

李新强, 杨健, 陈祖煜, 2004. 渗流与抗滑桩的抗滑稳定性分析[J]. 水文地质工程地质, 31(3): 66-68.

李远耀, 2007. 三峡库首区顺层基岩岸坡变形机制与稳定性研究[D]. 武汉: 中国地质大学(武汉).

林海, 雷国辉, 徐林, 等, 2012. 水平受荷桩 1g 模型试验变形特性的相似分析[J]. 中南大学学报(自然科学版), 43(9): 3639-3645.

林治平, 刘祚秋, 商秋婷, 2012. 抗滑桩结构土拱的分拆与联合研究[J]. 岩土力学, 33(10): 3109-3114.

刘波, 罗先启, 张振华, 2007. 三峡库区千将坪滑坡模型试验研究[J]. 三峡大学学报(自然科学版), 29(2): 124-128.

刘广润, 晏鄂川, 练操, 2002. 论滑坡分类[J]. 工程地质学报, 4: 339-342.

刘静, 2007. 基于桩土共同作用下的抗滑桩的计算与应用研究[D]. 长沙: 中南大学.

刘金龙, 王吉利, 袁凡凡, 2010. 不同布置方式对双排抗滑桩土拱效应的影响[J]. 中国科学院研究生院学报, 27(3): 364-369.

卢应发, 周盛沛, 罗先启, 等, 2007. 渗流对抗滑桩加固滑坡后的影响效果评价[J]. 岩石力学与工程学报, 26(9): 1840-1846.

罗文强, 李飞翔, 刘小珊, 等, 2016. 多元时间序列分析的滑坡演化阶段划分[J]. 地球科学, 41(4): 711-717.

罗先启, 葛修润, 2008. 滑坡模型试验理论及其应用[M]. 北京: 中国水利水电出版社.

罗先启, 刘德富, 吴剑, 等, 2005. 雨水及库水作用下滑坡稳定模型试验研究[J]. 岩石力学与工程学报, 24(14): 2476-2483.

吕庆, 孙红月, 尚岳全, 2010. 抗滑桩桩后土拱效应的作用机理及发育规律[J]. 水利学报(4): 471-476.

马俊伟, 2016. 渐进式滑坡多场信息演化特征与数据挖掘研究[D]. 武汉: 中国地质大学(武汉).

马俊伟, 胡新丽, 唐辉明, 等, 2013. 基于计算机辅助检测技术的滑坡模型试验坡面位移场测量[J]. 岩土力学(s2): 477-485.

马俊伟, 唐辉明, 胡新丽, 等, 2014. 抗滑桩加固斜坡坡面位移场特征及演化模型试验研究[J]. 岩石力学与工程学报, 33(4): 679-690.

申永江, 孙红月, 尚岳全, 等, 2009. 抗滑桩内力的监测与计算[J]. 水文地质工程地质, 36(5): 18-22.

施斌, 2013. 论工程地质中的场及其多场耦合[J]. 工程地质学报, 21(5): 673-680.

宋保强, 2007. 抗滑桩支护结构中桩后土拱效应研究与应用[D]. 成都: 成都理工大学.

孙淼军, 2015. 库水作用下滑坡−抗滑桩体系变形时效规律与长期稳定性研究[D]. 武汉: 中国地质大学(武汉).

孙义杰, 2015. 库岸边坡多场光纤监测技术与稳定性评价研究[D]. 南京: 南京大学.

孙云志, 2010. 抗滑桩对滑坡地下水径流影响分析: 以湖北省兴山县石佛寺滑坡为例[J]. 人民长江, 41(14): 62-64.

谭福林, 2018. 基于不同演化模式的滑坡−抗滑桩体系动态稳定性评价方法研究[D]. 武汉: 中国地质大学(武汉).

谭福林, 胡新丽, 张玉明, 等, 2015. 牵引式滑坡推力计算方法研究[J]. 岩土力学(s2): 532-538.

谭福林, 胡新丽, 张玉明, 等, 2016. 不同类型滑坡渐进破坏过程与稳定性研究[J]. 岩土力学(s2): 597-606.

谭福林, 胡新丽, 张玉明, 等, 2018. 考虑渐进破坏过程的滑坡推力计算方法[J]. 吉林大学学报(地球科学版), 48(1): 196-205.

唐辉明, 2008. 工程地质学基础[M]. 北京: 化学工业出版社.

唐辉明, 马淑芝, 刘佑荣, 等, 2002. 三峡工程库区巴东县赵树岭滑坡稳定性与防治对策研究[J]. 地球科学(中国地质大学学报), 27(5): 621-626.

唐辉明, 雍睿, 胡新丽, 等, 2012. 多工况框架式滑坡地质力学模型轻便试验装置: 201210180080. 4[P]. 2012-06-05.

唐晓松, 郑颖人, 唐芬, 等, 2009. 抗滑桩的渗透性对其治理效果的影响[J]. 重庆交通大学学报(自然科学版), 28(5): 902-906.

汪斌, 唐辉明, 朱杰, 2007. 考虑流固耦合作用的库岸滑坡变形失稳机制[J]. 岩石力学与工程学报, 26(s2): 4484-4488.

汪其超, 2017. 基于 DFOS 的三峡马家沟滑坡长期监测与趋势分析[D]. 南京: 南京大学.

王成华, 陈永波, 林立相, 2001. 抗滑桩间土拱力学特性与最大桩间距分析[J]. 山地学报, 19(6): 556-559.

王力, 王世梅, 向玲, 2014. 库水下降联合降雨作用下树坪滑坡流固耦合分析[J]. 长江科学院院报, 31(6): 25-31.

王朋伟, 2012. 库水作用下滑坡变形演化规律研究[D]. 武汉: 中国地质大学(武汉).

王士天, 刘汉超, 张倬元, 等, 1997. 大型水域水岩相互作用及其环境效应研究[J]. 地质灾害与环境保护, 8(1): 68-89.

王思敬, 马凤山, 杜永康, 1996. 水库地区的水岩作用及其地质环境影响[J]. 工程地质学报, 4(3): 1-9.

王迎东, 2014. 改进支持向量机在边坡稳定性评价及参数反演中的应用[D]. 北京: 中国地质大学(北京).

王勇智, 2005. 被动桩与土相互作用及抗滑桩加固设计研究[D]. 长沙: 长沙理工大学.

王新刚, 胡斌, 连宝琴, 等, 2013. 库水位骤变下滑坡-抗滑桩体系作用三维分析[J]. 岩石力学与工程学报, 32(12): 2439-2446.

魏作安, 李世海, 赵颖, 2009. 底端嵌固桩与滑体相互作用的物理模型试验研究[J]. 岩土力学, 30(8): 2259-2263.

吴长富, 朱向荣, 尹小涛, 等, 2008. 强降雨条件下土质边坡瞬态稳定性分析[J]. 岩土力学, 29(2): 386-391.

吴丹丹, 胡新丽, 雍睿, 等, 2014. 三峡库区马家沟滑坡模型形态概化[J]. 地球科学, 39(11): 1693-1699.

吴建川, 2013. 典型堆积层滑坡抗滑桩土拱形成机理研究[D]. 武汉: 中国地质大学(武汉).

吴琼, 唐辉明, 王亮清, 等, 2009. 库水位升降联合降雨作用下库岸边坡中的浸润线研究[J]. 岩土力学, 30(10): 3025-3031.

吴树仁, 石菊松, 张永双, 等, 2006. 滑坡宏观机理研究: 以长江三峡库区为例[J]. 地质通报, 25(7): 874-879.

吴子树, 张利民, 1995. 土拱的形成机理及存在条件的探讨[J]. 成都科技大学学报(2): 15-19.

夏浩, 胡新丽, 唐辉明, 等, 2017. 红外热像技术在滑坡物理模型试验中的应用[J]. 岩土力学, 38(1): 291-299.

项伟, 江泊洎, 唐辉明, 等, 2009. 洞坪库区瞿家湾滑坡群地质演化分析及数值模拟[J]. 岩石力学与工程学报, 28(4): 775-783.

向先超, 张华, 蒋国盛, 等, 2011. 基于颗粒流的抗滑桩土拱效应研究[J]. 岩土工程学报(3): 386-391.

肖诗荣, 刘德富, 胡志宇, 2007. 三峡库区千将坪滑坡地质力学模型研究[J]. 岩土力学, 28(7): 1459-1464.

徐楚, 胡新丽, 何春灿, 等, 2018. 水库型滑坡模型试验相似材料的研制及应用[J]. 岩土力学, 39(11): 4287-4293.

徐聪, 2015. 抗滑桩土拱发育机理细观三维数值模拟研究[D]. 武汉: 中国地质大学(武汉).

徐则民, 黄润秋, 许模, 等, 2001. 基于水−力耦合理论的超深隧道围岩渗透性预测[J]. 成都理工学院学报, (2): 130-134.

许强, 汤明高, 徐开祥, 等, 2008. 滑坡时空演化规律及预警预报研究[J]. 岩石力学与工程学报, 27(6): 1104-1112.

闫金凯, 殷跃平, 门玉明, 等, 2011. 滑坡微型桩群桩加固工程模型试验研究[J]. 土木工程学报, 44(4): 120-128.

闫金凯, 殷跃平, 马娟, 2012. 滑坡防治独立微型桩性状的大型物理模型试验研究[J]. 水文地质工程地质, 39(4): 55-60.

严珺凡, 朱鸿鹄, 施斌, 等, 2014. 基于DOFS的水位变化下土质边坡模型稳定性试验研究[J]. 工程地质学报, 22(6): 1263-1270.

晏同珍, 方云, 王伯桢, 等, 1997. 论胀缩岩土特征与斜坡失稳机制[J]. 地球科学(4): 79-82.

杨明, 2008. 桩土相互作用机理及抗滑加固技术[D]. 成都: 西南交通大学.

杨明, 姚令侃, 王广军, 2007. 抗滑桩宽度与桩间距对桩间土拱效应的影响研究[J]. 岩土工程学报, 29(10): 1477-1482.

杨明, 姚令侃, 王广军, 2008. 桩间土拱效应离心模型试验及数值模拟研究[J]. 岩土力学, 29(3): 817-822.

杨秀元, 李刚, 王爱军, 等, 2008. 三峡水库区巫山县淌里滑坡监测与变形分析[J]. 中国地质灾害与防治学报, 19(1): 22-27.

易朋莹, 2013. 三峡库区水位变动下推移式滑坡监测变形分析[J]. 重庆大学学报(自然科学版), 36(9): 127-132.

殷跃平, 彭轩明, 2007. 三峡库区千将坪滑坡失稳探讨[J]. 水文地质工程地质, 34(3): 51-54.

雍睿, 2014. 三峡库区侏罗系地层推移式滑坡−抗滑桩相互作用研究[D]. 武汉: 中国地质大学(武汉).

雍睿, 胡新丽, 唐辉明, 等, 2013. 推移式滑坡演化过程模型试验与数值模拟研究[J]. 岩土力学(10): 3018-3027.

于德海, 彭建兵, 2010. 边坡演化与现代系统科学的关系[J]. 大连海事大学学报, 2: 105-108.

詹红志, 王亮清, 王昌硕, 等, 2014. 考虑滑床不同地基系数的抗滑桩受力特征研究[J]. 岩土力学, 35(s2): 250-256.

章广成, 唐辉明, 胡斌, 2007. 非饱和渗流对滑坡稳定性的影响研究[J]. 岩土力学, 28(5): 965-970.

张建华, 谢强, 张照秀, 2004. 抗滑桩结构的土拱效应及其数值模拟[J]. 岩石力学与工程学报, 23(4): 699-703.

张骞, 李术才, 张乾青, 等, 2014. 抗滑桩岩拱效应与合理桩间距分析[J]. 岩土工程学报, 36(s2): 180-185.

张旭, 谭卓英, 周春梅, 2016. 库水位变化下滑坡渗流机制与稳定性分析[J]. 岩石力学与工程学报(4): 713-723.

张岩, 陈国庆, 张国峰, 等, 2016. 库水位变化对观音坪滑坡稳定性影响的数值分析[J]. 工程地质学报, 24(4): 501-509.

张永权, 2016. 基于惯性测量的滑坡位移监测研究[D]. 武汉: 中国地质大学(武汉).

张永兴, 董捷, 黄治云, 2009. 合理间距条件悬臂式抗滑桩三维土拱效应试验研究[J]. 岩土工程学报, 31(12): 1874-1881.

张振华, 罗先启, 吴剑, 2006. 三峡水库水位变化对滑坡监测变量影响的数值分区: 以泄滩滑坡为例[J]. 岩土力学, 27(s2): 321-325.

张玉明, 2018. 水库运行条件下马家沟滑坡-抗滑桩体系多场特征与演化机理研究[D]. 武汉: 中国地质大学(武汉).

张友良, 冯夏庭, 范建海, 2002. 抗滑桩与滑坡体相互作用的研究[J]. 岩石力学与工程学报, 21(6): 839-842.

赵代鹏, 王世梅, 谈云志, 等, 2013. 库水升降作用下浮托减重型滑坡稳定性研究[J]. 岩土力学, 34(4): 1017-1024.

赵洪岩, 2012, 基于 DFOS 的膨胀土裂隙发育过程监测试验研究[D]. 南京: 南京大学.

中村浩之, 王恭先, 1990. 论水库滑坡[J]. 水土保持通报, (1): 53-64.

郑学鑫, 2007. 抗滑桩桩间土拱效应及其有限元模拟研究[D]. 南京: 河海大学.

郑颖人, 时卫民, 孔位学, 2004. 库水位下降时渗透力及地下水浸润线的计算[J]. 岩石力学与工程学报, 23(18): 3203-3210.

郑颖人, 陈祖煜, 王恭先, 等, 2007. 边坡与滑坡工程治理[M]. 北京: 人民交通出版社.

周彬, 刘贵应, 梁庆国, 2012. 三峡库区周期性库水位变化对抗滑桩加固效果非饱和流固耦合分析[J]. 路基工程, (2): 59-64.

周萃英, 汤连生, 晏同珍, 1996. 滑坡灾害系统的自组织[J]. 地球科学(6): 40-43.

周健, 亓宾, 曾庆有, 2009. 被动桩土拱效应与影响因素细观研究[J]. 建筑结构, 39(9): 77, 100-103.

祝廷尉, 胡新丽, 徐聪, 等, 2014. 嵌岩桩抗滑特性的物理模型试验研究[J]. 岩土力学(s1): 165-172.

邹宗兴, 2014. 顺层岩质滑坡演化动力学研究[D]. 武汉: 中国地质大学(武汉).

ALEXANDER D, 1992. On the causes of landslides: human activities, perception, and natural processes[J]. Environmental geology, 20(3): 165-179.

BOSSCHER P J, GRAY D H, 1986. Soil arching in sandy slopes[J]. Journal of geotechnical engineering, 112(6): 626-645.

CHEVALIER B, COMBE G, VILLARD P, 2007. Load transfers and arching effects in granular soil layer [J]. 18$^{eme}$ congre's francais de mécanique, grenoble, (27/28/29/30/31): 1-6.

DENG J L, 1982. Control problems of grey systems[J]. Systems and control letters(1): 288-294.

FAN L, ZHANG G, LI B, et al., 2016. Deformation and failure of the Xiaochatou landslide under rapid drawdown of the reservoir water level based on centrifuge tests[J]. Bulletin of engineering geology and the environment, 76(3): 891-900.

FARINA P, COLOMBO D, FUMAGALLI A, et al., 2006. Permanent scatterers for landslide investigations: outcomes from the ESA-SLAM project [J]. Engineering geology, 88: 200-217.

FUJITA H, 1977. Influence of water level fluctuations in a reservoir on slope stability[J]. Bulletin of the international association of engineering, 16(1): 170-173.

GENEVOIS R, GHIROTTI M, 2005. The 1963 Vaiont landslide[J]. Landslides types, 1(1): 41-52.

HE C C, HU X L, TANNANT D D, et al., 2018. Response of a landslide to reservoir impoundment in model tests[J]. Engineering geology, 247: 84-93.

HU X L, TANG H M, LI C D, et al., 2012. Stability of Huangtupo riverside slumping mass II# under water level fluctuation of Three Gorges Reservoir[J]. Journal of earth science, 23(3): 326-334.

HU X L, TANG H M, ZHANG C G, 2013. Effectiveness of anti-sliding piles for Wulidui landslide under rainfall condition[C]// MARGOTTINI C, CANUTI P, SASSA K. Landslide science and practice. Berlin: Springer: 607-616 .

HU X L, ZHANG M, SUN M, et al., 2015. Deformation characteristics and failure mode of the Zhujiadian landslide in the Three Gorges Reservoir, China[J]. Bulletin of engineering geology and the environment, 74(1): 1-12.

HU X L, TAN F L, TANG H M, et al., 2017. In-situ monitoring platform and preliminary analysis of monitoring data of Majiagou landslide with stabilizing piles[J]. Engineering geology, 228: 323-336.

HU X L, ZHOU C, XU C, et al., 2019a. Model tests of the response of landslide-stabilizing piles to piles with different stiffness[J]. Landslides, 16(11): 2187-2200.

HU X L, HE C C, ZHOU C, et al., 2019b. Model test and numerical analysis on the deformation and stability of a landslide subjected to reservoir filling[J/OL]. Geofluids, 2009: 1-15. https: //doi. org/10. 1155/2019/5924580.

IGWE O, MODE W, NNEBEDUM O, et al., 2014. The analysis of rainfall-induced slope failures at Iva Valley area of Enugu State, Nigeria[J]. Environmental earth sciences, 71(5): 2465-2480.

JIA G W, ZHAN T L T, CHEN Y M, et al., 2009. Performance of a large-scale slope model subjected to rising and lowering water levels[J]. Engineering geology, 106: 92-103.

JIANG Y N, LIAO M S, ZHOU Z W, et al., 2016. Landslide deformation analysis by coupling deformation time series from SAR data with hydrological factors through data assimilation[J]. Remote sensing, 8(3): 179.

JIAO Y Y, ZHANG H Q, TANG H M, et al., 2014. Simulating the process of reservoir-impoundment-induced landslide using the extended DDA method [J]. Engineering geology, 182: 37-48.

KAHYAOGLU M R, IMANÇLI G, ÖNAL O, et al., 2012. Numerical analyses of piles subjected to lateral soil movement[J]. KSCE journal of civil engineering, 16(4): 562-570.

KANG G, SONG Y, KIM T, 2009. Behavior and stability of a large-scale cut slope considering reinforcement stages[J]. Landslides, 6(3): 263-272.

KEEFER D K, 1984. Landslides caused by earthquakes[J]. Geological society of America bulletin, 95(4): 406.

KILBURN C R J, PETLEY D N, 2003. Forecasting giant, catastrophic slope collapse: Lessons from Vajont,

Northern Italy[J]. Geomorphology, 54(1/2): 21-32.

KONDAPALLI S P, SRINIVASA R C, NAGESWARA R D, 2015. Application of grey relational analysis for optimizing weld bead geometry parameters of pulsed current micro plasma arc welded inconel 625 sheets[J]. The international journal of advanced manufacturing technology, 78(1/2/3//4): 625-632.

KOUTSABELOULIS N C, GRIFFITHS D V, 1989. Numerical modeling of the trap door problem[J]. Geoetechnique, 39(1): 77-89.

LI D Y, YIN K L, 2011. Deformation characteristics of landslide with steplike deformation in the Three Gorges Reservoir[C]//2011 International Conference on Electric Technology and Civil Engineering (ICETCE). Piscataway: IEEE: 6517-6520.

LI D Y, YIN K L, LEO C, 2010. Analysis of Baishuihe landslide influenced by the effects of reservoir water and rainfall[J]. Environmental earth sciences, 60(4): 677-687.

LI C D, WU J C, TANG H M, et al., 2015. A novel optimal plane arrangement of stabilizing piles based on soil arching effect and stability limit for 3D colluvial landslides[J]. Engineering geology, 195: 236-247.

LI C D, WU J C, TANG H M, et al., 2016. Model testing of the response of stabilizing piles in landslides with upper hard and lower weak bedrock[J]. Engineering geology, 204: 65-76.

LIANG R, SANPING Z, 2002. Numerical study of soil arching mechanism in drilled shafts for slope stabilization[J]. Soils and foundations, 42(2): 83-92.

LIANG R Y, YAMIN M, 2010. Three-dimensional finite element study of arching behavior in slope/drilled shafts system[J]. International journal for numerical and analytical methods in geomechanics, 34(11): 1157-1168.

LIRER S, 2012. Landslide stabilizing piles: Experimental evidences and numerical interpretation[J]. Engineering geology(149/150): 70-77.

LIU P, LI Z, HOEY T, et al., 2013. Using advanced InSAR time series techniques to monitor landslide movements in Badong of the Three Gorges region, China[J]. International journal of applied earth observation and geoinformation, 21(1): 253-264.

LOURENCO S D N, SASSA K, FUKUOKA H, 2006. Failure process and hydrologic response of a two layer physical model: Implications for rainfall-induced landslides[J]. Geomorphology, 73(1/2): 115-130.

MA J W, TANG H, HU X L, et al., 2016. Identification of causal factors for the Majiagou landslide using modern data mining methods[J]. Landslides, 14(1): 1-12.

MA J W, TANG H M, HU X L, et al., 2017. Model testing of the spatial-temporal evolution of a landslide failure[J]. Bulletin of engineering geology and the environment, 76(1): 323-339.

MACFARLANE D F, 2009. Observations and predictions of the behaviour of large, slow-moving landslides in schist, Clyde Dam reservoir, New Zealand[J]. Engineering geology, 109(1/2): 5-15.

MARTIN G R, CHEN C Y, 2005. Response of piles due to lateral slope movement[J]. Computers and structures, 83(8/9): 588-598.

MILNE F D, BROWN M J, KNAPPETT J A, et al., 2012. Centrifuge modelling of hillslope debris flow initiation [J]. Catena, 92: 162-171.

MUKHLISIN M, TAHA M R, 2012. Numerical model of antecedent rainfall effect on slope stability at a hillslope of weathered granitic soil formation[J]. Journal of the geological society of India, 79(5): 525-531.

NG C W W, SHI Q, 1998. A numerical investigation of the stability of unsaturated soil slopes subjected to transient seepage[J]. Computers and geotechnics, 22(1): 1-28.

NOFERINI L, PIERACCINI M, MECATTI D, et al., 2007. Using GB-SAR technique to monitor slow moving landslide [J]. Engineering geology, 95(3/4): 88-98.

PALIS E, LEBOURG T, TRIC E, et al., 2017. Long-term monitoring of a large deep-seated landslide (La Clapiere, South-East French Alps): initial study[J]. Landslides, 14(1): 155-170.

PAOLO P, ELIA R, ALBERTO B, 2013. Influence of filling-drawdown cycles of the Vajont reservoir on Mt. Toc slope stability[J]. Geomorphology, 191(1): 75-91.

PETLEY D N, 2010. Landslide disaster mitigation in the Three Gorges Reservoir, China[J]. Mountain research and development, 30(2): 184-185.

PICARELLI L, 2007. Considerations about the mechanics of slow active landslides in clay[C]//. SASSA K, FUKUOKA H, WANG F W, et al., Progress in landslide science. Berlin: Springer: 27-45.

QI S, YAN F, WANG S, et al., 2006. Characteristics, mechanism and development tendency of deformation of Maoping landslide after commission of Geheyan reservoir on the Qingjiang River, Hubei Province, China[J]. Engineering geology, 86(1): 37-51.

SCHUSTER R L, 1979. Reservoir-induced landslides[J]. Bulletin of engineering geology and the environment, 20(1): 8-15.

SHARAFI H, SOJOUDI Y, 2016. Experimental and numerical study of pile-stabilized slopes under surface load conditions[J]. International journal of civil engineering, 14(4): 221-232.

SHEN Y, YU Y, MA F, et al., 2017. Earth pressure evolution of the double-row long-short stabilizing pile system[J]. Environmental earth sciences, 76(16): 586.

SONG Y S, HONG W P, WOO K S, 2012. Behavior and analysis of stabilizing piles installed in a cut slope during heavy rainfall[J]. Engineering geology, 129: 56-67.

STANGL R, BUCHAN G D, LOISKANDL W, 2009. Field use and calibration of a TDR-based probe for monitoring water content in a high-clay landslide soil in Austria[J]. Geoderma, 150(1/2): 22-31.

SUN Y, ZHANG D, SHI B, et al., 2014. Distributed acquisition, characterization and process analysis of multi-field information in slopes[J]. Engineering geology, 182: 49-62.

SUN G, HUANG Y, LI C, et al., 2016a. Formation mechanism, deformation characteristics and stability analysis of Wujiang landslide near Centianhe reservoir dam[J]. Engineering geology, 211: 27-38.

SUN G, ZHENG H, HUANG Y, et al., 2016b. Parameter inversion and deformation mechanism of Sanmendong landslide in the Three Gorges Reservoir region under the combined effect of reservoir water level fluctuation and rainfall[J]. Engineering geology, 205: 133-145.

SYLVIANA S, ALCHRIS W G, SURYADI I, et al., 2015. Taguchi method and grey relational analysis to improve in situ production of FAME from sunflower and Jatropha curcas kernels with subcritical solvent mixture[J]. Journal of the American oil chemists' society, 92(10): 1513-1523.

TAN F L, HU X L, HE C C, et al., 2018. Identifying the main control factors for different deformation stages of landslide[J]. Geotechnical and geological engineering, 36(1): 469-482.

TANG H M, HU X L, DENG Q L, et al., 2009. Research on the characteristics and slope deformation regularity of the Badong formation in the Three Gorges Reservoir area[C]// WANG F W, LI T L. Landslide disaster mitigation in Three Gorges Reservoir, China. Berlin, Heidelberg: Springer : 87-113.

TANG H M, HU X L, XU C, et al., 2014. A novel approach for determining landslide pushing force based on landslide-pile interactions[J]. Engineering geology, 182: 15-24.

TANG H M, LI C, HU X, et al., 2015a. Deformation response of the Huangtupo landslide to rainfall and the changing levels of the Three Gorges Reservoir[J]. Bulletin of engineering geology and the environment, 74(3): 933-942.

TANG H M, LI C, HU X, et al., 2015b. Evolution characteristics of the Huangtupo landslide based on in situ tunneling and monitoring[J]. Landslides, 12(3): 511-521.

TARCHI D, CASAGLI N, FANTI R, et al., 2003. Landslide monitoring by using ground-based sar interferometry: an example of application to the Tessina landslide in Italy[J]. Engineering geology, 68(1): 15-30.

TERZAGHI K, 1943. Theoretical soil mechanics[M]. NewYork: Johnwiley&Son.

TSAI T L, 2008. The influence of rainstorm pattern on shallow landslide[J]. Environmental geology, 53(7): 1563-1569.

VAPNIK V, 1998. Statistical learning theory[M]. New York: Wiley.

VARNES D J, SCHUSTER R L, KRIZEK R J, 1978. Slope movement types and processes[R]// Landslides, analysis and control, special report 176. Washington D.C.: Transportation research board, National Academy of Sciences: 11-33.

VERMEER P A, PUNLOR A, RUSE N, 2001. Arching effects behind a soldier pile wall[J]. Computers and geotechnics, 28(6): 379-396.

VITA P D, REICHENBACH P, BATHURST J C, et al., 1998. Rainfall-triggered landslides: a reference list[J]. Environmental geology, 35(2/3): 219-233.

WANG W L, LIANG J, 1979. Unsheathed excavation in soils[J]. Journal of the geotechnical engineering division, 105(9): 1117-1121.

WANG J, SU A, XIANG W, et al., 2016. New data and interpretations of the shallow and deep deformation of Huangtupo No. 1 riverside sliding mass during seasonal rainfall and water level fluctuation[J]. Landslides, 13(4): 795-804.

WEI Z L, SHANG Y Q, ZHAO Y, et al., 2017. Rainfall threshold for initiation of channelized debris flows in a small catchment based on in-site measurement[J]. Engineering geology, 217: 23-34.

XU Q, LIU H, RAN J, et al., 2016. Field monitoring of groundwater responses to heavy rainfalls and the early warning of the Kualiangzi landslide in Sichuan Basin, southwestern China[J]. Landslides, 13(6): 1-16.

YANG X S, DEB S, 2010. Cuckoo search via Lévy flights[C]// 2009 World Congress on Nature and Biologically Inspired Computing (NaBIC), Coimbatore, India. Piscataway: IEEE: 210-214.

YILMAZ K, 2015. Hidden pattern discovery on epileptic EEG with 1-D local binary patterns and epileptic seizures detection by grey relational analysis[J]. Australasian physical and engineering sciences in medicine, 38(3): 435-446.

ZHANG Y M, HU X L, TANNANT D D, et al., 2018. Field monitoring and deformation characteristics of a landslide with piles in the Three Gorges Reservoir area[J]. Landslides, 15(3): 581-592.

ZHAO G, YANG Y, ZHANG H, et al., 2019. A case study integrating field measurements and numerical analysis of high-fill slope stabilized with cast-in-place piles in Yunnan, China[J]. Engineering geology, 253: 160-170.